建筑设备安装工程
创优策划与实施

顾勇新　侯海泉　主编
罗　保　傅慈英　主审

中国建筑工业出版社

图书在版编目（CIP）数据

建筑设备安装工程创优策划与实施/顾勇新，侯海泉主编. —北京：中国建筑工业出版社，2014.7
ISBN 978-7-112-16952-8

Ⅰ.①建… Ⅱ.①顾…②侯… Ⅲ.①房屋建筑设备-建筑安装工程 Ⅳ.①TU8

中国版本图书馆 CIP 数据核字（2014）第 119119 号

责任编辑：唐　旭　杨　晓
责任设计：张　虹
责任校对：李美娜　关　健

建筑设备安装工程创优策划与实施
顾勇新　侯海泉　主编
罗　保　傅慈英　主审

*

中国建筑工业出版社出版、发行（北京西郊百万庄）
各地新华书店、建筑书店经销
北京红光制版公司制版
北京中科印刷有限公司印刷

*

开本：880×1230毫米　1/16　印张：10　字数：295千字
2014 年 8 月第一版　2014 年 10 月第二次印刷
定价：**80.00** 元（含光盘）
ISBN 978-7-112-16952-8
（25746）

《建筑设备安装工程创优策划与实施》
编委及编写人员

主编单位：中建一局集团建设发展有限公司
　　　　　中南控股集团有限公司
主　　任：许溶烈
副 主 任：王有为　顾勇新　邓明胜　梁冬梅
编　　委：陈　浩　孙国春　龚　剑　安占法　高秋力　张　厚
　　　　　薛　刚　左　强　陈锦石　邵东升　王　形　魏育民
　　　　　李　文　闻卫东　董利华　吴　飞　邱录军　陈祖兴
　　　　　冯文锦　朱庆宪　赵碧宝　林志鹏　胡建东　钱　红
　　　　　冯世伟　江　嵩　张柯之　吴义忠　刘　宾　何　强
　　　　　赵雪峰　邱泽勇　徐　镭　张学形　陈建国　张向洪
主　　编：顾勇新　侯海泉
副 主 编：王晓峰　刘应周　杨晓毅　安红印　刘　源　程　群
主　　审：罗　保　傅慈英
编 写 人：曹　光　周予启　廖钢林　黄　锋　缪亮俊　高惠润
　　　　　侯本才　常　军　吴　瑞　张嘉敏　陈春雷　边昕宇
　　　　　韩　刚　刘春晔　陈书玉　王　静　孟祥艳　冯俊祥
　　　　　孙　昊　王大陆　张　林　赵　禹　应群勇　金剑波
　　　　　沈国锋　何文滔　陈朝静　周冬良　张静民　魏晓杰
　　　　　李晓波　付　恒　刘智泉　刘　诚　周子路　邓　松
　　　　　陈　刚　江涌波　肖健松　陈海忠　马卫华　梁晓奎
　　　　　吴辰辉　石建国　杨学清　迟桂胜　王　江　郑宇宁
　　　　　杨　吉　郑艳秋　柏文杰　钱国永　蔡建祥　邵小东
　　　　　郑国芳　陈松根　柳立新　朱仁鸿　应立峰　曹魏巍
　　　　　张　俐　张剑强　陈铁军　钱海钢　张二坤　康　莉
　　　　　曹雪菲　陈建国　段卫昌　宋爱民　董春山　王巧莉

序

高楼大厦拔地而起，成片住房遍地开花，特别是中国城镇化日益发展的当今，建筑设备的设计、施工、安装、运行和管理，日益显得格外的重要。由建设部颁予甲级工程设计证书的北京俞龚琪元机电设计事务所对此有一个十分形象的比喻："一个建筑物好比是一个人：筋骨结实好比是结构；而血液循环、新陈代谢、神经中枢好比是水暖、电气，包括给水、排水、消防、生活热水、暖通空调、照明、动力、电视、电话、自控安防、综合布线、网络技术等等。这一切是否健全，运转是否正常，直接决定了一个建筑物的内在品质。"

缘自全球气候变化的严峻现实，引发了一场可以称之为能源消费和利用的"倒逼革命"。对建筑业来说，就是推行实施"绿色建筑"，其目的就是通过创造节能、低碳、健康的建筑，从根本上大大改善或改变建成环境，这些建筑能减少或者降低对都市人群和当地、区域或全球环境的显著影响。

由此可见，重视和认真做好建筑设备的设计、施工、安装、运营和管理等诸环节，对落实和充分发挥建筑物自身预期的功能有着非常直接的关系，而且也是整体实施、具体落实绿色建筑不可分割的一部分。

《建筑设备安装工程创优策划与实施》一书的编著出版，正是适逢其时，应运而生的一项举措和贡献。所有此书的参编人员都是长期在施工生产第一线的工程技术人员和项目管理人员。他们均具有十分丰富的实践经验和理论知识。本书的框架和引用的有关案例，也都是根据编著者多年来的工程实践经验和多个大型公建项目创优的案例，均经反复推敲，并且多方征求专家意见后成文定稿的。这确实是一本称得上操作性较强的实用技术手册。

书中前言中提到"安装工程作为建筑工程的一个重要组成部分，其施工质量的优劣直接影响到工程的整体质量，且机电系统运行效率的好坏，关乎用户的切身感受。实际上，在一些宾馆、饭店、住宅建设中，建筑给排水、采暖通风与空调、智能建筑等分部工程已是用户投诉的焦点"，这一点很多人均有实际的感受，尤其当今工程体量越来越大，功能越来越复杂，建筑设备安装工程的管理难度也越来越高，其复杂性和难度更是可想而知。

从 20 世纪 80 年代中后期，推行建筑节能以来，建筑节能作为我国节能战略的重要组成部分，从立法、制度创新、节能技术及节能材料的发展、节能运行管理方面都取得了长足的进步和快速发展。建筑设备是建筑节能的重心，建筑设备安装工程质量也将对建筑节能产生重大影响。因此，系统地总结建筑设备安装工程创优经验，并正式编辑出版这一方面的专门书籍，确实对行业全面发展来说，乃是一件值得称道的极大好事。

　　勇新同志是我们多年的好朋友，他长期从事建筑精品工程的理论和实践拓展，提出了建筑工程精品生产线体系的理论，也是《建筑工程施工质量管理创新的研究和实践》项目的主创者，该项目获北京市科学技术进步奖。勇新同志 2012 年 5 月和胡建东、徐镭撰写的专著《建筑业可持续发展思考：2010～2013 中国建筑企业标杆解析》，由中国建筑工业出版社出版，我们深感荣幸地为其作了序，该书收集了大量的建筑企业案例，提出了进化型企业才能生存的观点，通过剖析中央企业、浙江建企、江苏建企、地方国企等不同类型的建筑业企业，挖掘进化型组织的标杆表现，引发了大家对建筑业可持续发展问题的关注和深入思考。这次，勇新同志同他的老同事原中建一局集团建设发展有限公司的侯海泉先生（现任江苏中南建筑产业集团有限责任公司总裁）一起合作主编了本书，我们相信，本书一定会受到业内广大人士的好评，并对业内专业人士有所裨益。我们有幸阅读本书初稿而深受教益，启发良多，故特为之序！

原建设部总工程师

瑞典皇家工程科学院外籍院士

中国城市科学研究会绿色建筑与节能委员会主任

住建部科技委委员

2014 年春于北京

前　言

　　为促进建筑工程项目质量水平整体提高，完成对业主的质量承诺，降低使用成本，提高机电安装工程质量，创造优质机电安装工程，特编制本书，指导机电安装工程进行科学、有序的施工作业，以便更好地为社会奉献一大批精品工程，打造企业品牌。

　　建筑工程质量直接关系到人民生命财产的安全，一提起建筑工程质量，往往是指结构工程和装饰工程，而机电安装工程经常被忽略。其实机电安装工程作为建筑工程的一个重要组成部分，其施工质量的优劣直接影响到工程的整体质量，且机电系统运行效果的好坏关乎用户的切身感受。实际上在一些宾馆、饭店、住宅建设当中建筑给水、排水及采暖、通风与空调、智能建筑等分部工程已是用户投诉的焦点，本书即为指导机电安装工程走质量精品之路而编写。

　　基层管理人员都希望实施优质工程战略有一本可操作的实用性手册。本书的编著者根据多年的工程实践经验和多个大型公建项目及创优项目的实际案例，反复推敲，精心编写，并且多方征求专家意见。他们都对本书提出了宝贵的建议，希望将他们的经验与我国的建筑业同行共同分享，互相学习，共同发展。

　　本书共分10个章节，首先针对机电优质工程的特点、包含的主要内容和实施范围及创建优质工程的意义进行了概述。

　　其次本书详细描述了优质工程施工过程管理控制措施、机电优质工程策划和机电深化设计，重点对BIM技术在机电工程投标、施工、创优中的应用，从硬件、软件方面进行了描述，对BIM技术与施工现场的无缝对接进行了研究分析。

　　此外，本书还详细描述了机电创优工程各分部分项工程的安装工艺标准及要求，包括电气分部、通风空调分部、建筑给排水采暖分部，同时介绍了机电系统检测与调试专项方案。在各分项施工工艺的章节中，采用照片、节点详图及文字阐述相对应的方式，详细介绍了优质工程的施工工法和创优细部处理。

　　最后本书对优质工程申报资料的制作和录像短片的拍摄，进行了经验分享并提供了制作实例，同时附加了机电施工强制性条文说明，并附大量案例图片，供施工单位相关人员参考。

书中对打造机电优质工程的每一个环节做出详细的标准要求和质量管控方式方法，使其具有很强的可操作性和推广性，希望本书能成为建筑设备安装行业广大工程技术和管理人员的良师益友。

本书的编写得到了业内多位专家的指导和支持，针对创建机电设备安装优质工程具有实际可操作意义。通过对机电安装工程的策划与实施，可以申报省部级、国家级等各级奖项，如国家级奖项中的安装之星、国家优质工程、詹天佑奖和鲁班奖等奖项。同时本书不仅在创建机电优质工程方面具有实际指导意义，对于防范机电工程的质量通病，对于机电工程的深化设计、BIM 应用，对于大型公建项目、超高层项目中的某些机电施工难点及调试冲洗方案一并提供了解决措施和专项方案。

在当今激烈竞争的建筑市场，施工企业如何快速壮大，走出一条创优、创品牌之路，赢得各方口碑，从而使自身企业做大做强、做优做长，同时可享受到由于过程质量控制到位所带来的成本节约与收益提升？通过本书可以获得一些案例参考、经验借鉴和启发。

由于本书编写时间仓促，编者水平有限，书中难免有不足之处，欢迎广大同仁提出宝贵意见。

目　　录

第一章　概述··· 1

第一节　机电优质工程的特点··· 1

一、工程安全、适用、美观··· 1

二、工程经得起宏观、微观检查和时间考验································ 1

三、工程的技术含量相对较高··· 1

四、工程应无安全及使用功能方面的质量缺陷···························· 1

五、工程整体质量达到优质机电工程条件··································· 1

六、工程符合国家现行法律、法规、标准、规范和"强制性条文"的要求·· 1

第二节　实施机电优质工程的意义·· 1

第三节　机电优质工程包含的主要内容和实施范围·························· 2

一、机电优质工程包含的主要内容··· 2

二、实施机电优质工程的范围··· 2

三、机电优质工程的外在联系··· 2

第二章　优质工程施工管理控制·· 3

第一节　优质工程施工制度的建立·· 3

一、目标管理（MBO）制度·· 3

二、培训交底制度·· 3

三、样板制度··· 5

四、三检制度··· 5

五、设备、材料验收制度··· 6

六、现场挂牌标识制度·· 6

七、质量会诊制度·· 7

八、质量追溯制度·· 7

九、质量奖罚制度·· 8

十、生产例会制度·· 8

十一、成品保护制度·· 8

十二、计划考核制度·· 9

第二节　优质工程资料管理··· 9

一、基本要求··· 9

二、施工物资管理资料·· 9

三、施工记录资料·· 9

四、施工试验与检测资料··· 10

五、施工质量验收资料·· 10

六、竣工图·· 10

七、资料组卷目录·· 10

第三章　机电安装优质工程策划··· 11

第一节　策划总体思路 ··· 11

第二节　专业策划要点 ··· 12

　　一、电气专业 ··· 12

　　二、设备专业 ··· 12

第三节　机电安装优质工程保障措施 ··· 13

　　一、组织及人员的保障 ··· 13

　　二、技术保障 ··· 14

　　三、机电设备、材料采购的保障措施 ··· 15

　　四、施工保障 ··· 15

　　五、施工机具及检测设备的保障 ··· 17

第四节　机电成品保护措施 ··· 17

　　一、机电大型设备进场后的成品保护 ··· 17

　　二、对进场设备、材料的成品保护 ··· 18

　　三、对施工过程中成品、半成品的管理 ··· 18

　　四、对已施工完成品的管理 ··· 19

　　五、机电安装过程中成品保护措施 ··· 20

第四章　机电深化设计 ··· 21

第一节　机电深化设计 ··· 21

　　一、机电深化设计流程 ··· 21

　　二、机电深化设计制图规范 ··· 23

　　三、机电深化设计制图方法 ··· 31

第二节　深化图纸送审流程 ··· 32

　　一、会审目的 ··· 32

　　二、深化设计图纸送审流程 ··· 32

　　三、各专业图纸会审中要注意的要点 ··· 32

　　四、问题询问 ··· 33

　　五、深化图纸送审 ··· 33

第三节　基于 BIM 的机电深化设计 ··· 35

　　一、BIM 的概念及意义 ··· 35

　　二、基于 BIM 机电深化设计的组织架构及分工职责 ································· 37

　　三、机电深化设计中遵循的 BIM 技术标准 ··· 38

　　四、深化设计过程中的质量控制方法 ··· 41

　　五、基于 BIM 的机电深化设计方法 ··· 42

　　六、基于 BIM 的机电深化设计应用案例 ··· 44

第五章　电气工程安装工艺标准及要求 ··· 47

第一节　主控项目工艺标准要求 ··· 47

　　一、配电箱柜安装 ··· 47

　　二、电缆桥架安装及桥架内电缆敷设 ··· 47

　　三、封闭母线、插接式母线安装 ··· 47

第二节　电气配管 ··· 47

　　一、JDG 金属导管连接 ··· 47

　　二、钢管套丝 ··· 47

　　三、配管加中间接线盒 ··· 48

　　四、管路进盒 48

　　五、接地焊接 48

　　六、接线盒安装 48

　第三节　线槽与桥架安装 49

　　一、金属线槽吊架安装 49

　　二、吊架 50

　　三、弯通 50

　　四、连接 50

　　五、穿楼板 51

　　六、桥架穿防火分区墙体 51

　第四节　电气线缆敷设及母线安装 51

　　一、桥架内电缆敷设 51

　　二、母线水平安装 51

　　三、母线垂直安装 52

　　四、电气设备接线 52

　第五节　配电箱柜安装 53

　　一、配电箱柜安装 53

　　二、成排配电箱柜安装 53

　　三、配电箱柜接地做法 54

　　四、配电箱柜接线 54

　　五、配电箱柜接线防火封堵 54

　第六节　柴油发电机组安装 55

　第七节　开关面板及灯具安装 55

　　一、开关面板安装 55

　　二、灯具安装 55

　　三、成排灯具安装 56

　第八节　电气系统防雷接地 56

　　一、防雷接地焊接要求 56

　　二、防雷接地测试点安装 57

　　三、屋顶避雷带做法 57

　　四、机房接地等电位 58

　第九节　安防系统安装 58

　　一、摄像机安装 58

　　二、对讲门口机安装 58

　　三、电子围栏安装 59

　　四、停车场出入口设备安装 59

　第十节　综合布线系统安装 60

　　一、IDC 型配线架安装 60

　　二、机房抗静电活动地板安装 60

　　三、机房等电位接地安装 61

　第十一节　消防电系统施工 61

　　一、感烟、感温火灾探测器安装 61

　　二、消火栓按钮安装 62

三、消防控制设备安装 ··· 62
　第十二节　电气施工质量通病及防治措施 ··· 62
第六章　通风空调工程安装工艺标准及要求 ··· 64
　第一节　主控项目工艺标准要求 ··· 64
　　一、管道支吊架 ·· 64
　　二、管道安装坡度 ·· 64
　　三、金属风管加工 ·· 64
　　四、设备安装 ·· 64
　第二节　空调水管道支吊架安装 ··· 64
　　一、单管支吊架 ·· 64
　　二、门形固定支吊架 ·· 64
　　三、空调水立管支架 ·· 65
　　四、成排管支吊架 ·· 65
　第三节　空调水管道安装 ·· 66
　　一、管道连接 ·· 66
　　二、阀门安装 ·· 66
　　三、压力表、温度计安装 ·· 67
　第四节　通风管道加工制作与安装 ··· 67
　　一、矩形风管加工制作 ·· 67
　　二、风管支吊架安装 ·· 68
　　三、风管连接 ·· 68
　　四、风管软连接安装 ·· 68
　　五、风管安装 ·· 69
　　六、防火阀安装 ·· 69
　第五节　通风空调设备安装 ·· 70
　　一、风机盘管安装 ·· 70
　　二、风机安装 ·· 70
　　三、空调机组安装 ·· 70
　　四、水泵安装 ·· 71
　　五、集分水器安装 ·· 71
　　六、水箱安装 ·· 72
　　七、冷却塔安装 ·· 72
　　八、制冷机组安装 ·· 72
　第六节　管道防腐保温与标识要求 ··· 73
　　一、管道刷漆 ·· 73
　　二、管道保温 ·· 73
　　三、风管保温 ·· 74
　　四、风管保温钉布置及保温保护层 ·· 74
　　五、风管标识、空调设备标识 ·· 74
　　六、管道标识 ·· 75
　第七节　各类风口安装 ·· 75
　　一、百叶风口安装 ·· 75
　　二、散流器安装 ·· 76

　　三、VAV 灯盘风口安装 ·· 76

　　四、旋流风口安装 ··· 76

　　五、球形风口安装 ··· 76

　第八节　通风空调施工质量通病及防治措施 ··· 77

第七章　建筑给排水采暖工程安装工艺标准及要求 ··· 79

　第一节　主控项目工艺标准要求 ·· 79

　　一、管道支吊架 ··· 79

　　二、室内给水管道安装 ··· 79

　　三、室内排水管道安装 ··· 79

　　四、给水设备安装 ··· 79

　第二节　管道预留洞、预埋套管 ·· 79

　　一、管道预留洞、预留套管 ··· 79

　　二、穿楼板套管 ··· 80

　　三、防水套管安装 ··· 80

　　四、穿墙密闭套管安装 ··· 80

　第三节　给排水管道支吊架安装 ·· 81

　　一、单管支吊架 ··· 81

　　二、门形固定支吊架 ··· 81

　　三、给排水立管支架 ··· 81

　　四、成排管支吊架 ··· 82

　第四节　管道连接要求 ··· 82

　　一、给水管道丝扣连接 ··· 82

　　二、给水管道沟槽连接 ··· 82

　　三、薄壁不锈钢给水管卡压连接 ··· 83

　　四、热水管道铜管连接 ··· 83

　　五、排水铸铁管道柔性连接 ··· 83

　　六、雨水管道连接 ··· 84

　　七、采暖管道安装 ··· 84

　第五节　泵房设备及附件安装 ··· 85

　　一、给水水箱安装 ··· 85

　　二、水泵基础安装 ··· 85

　　三、变频给水泵组安装 ··· 85

　　四、潜污泵安装 ··· 86

　第六节　给排水施工质量通病及防治措施 ··· 86

第八章　机电系统检测与调试 ·· 88

　第一节　暖通空调系统调试 ··· 88

　　一、空调风系统调试 ··· 88

　　二、空调水系统调试 ··· 89

　　三、防排烟系统调试 ··· 90

　　四、锅炉试验、调试 ··· 91

　第二节　电气系统调试 ··· 92

　　一、电气常规测试 ··· 92

　　二、照明及动力系统调试 ··· 95

三、防雷接地系统检测 ·· 97

第三节　给排水系统调试 ·· 98

一、供水管道水压试验 ·· 98

二、排水管道灌水试验 ·· 98

三、排水管道通球试验 ·· 99

四、管道冲洗试验 ·· 99

五、生活给水管道消毒 ·· 99

六、排污潜水泵的调试 ·· 99

七、给水泵单机试运行 ··· 100

八、给水变频泵组的启动程序 ··· 100

第九章　优质工程申报资料制作 ··· 102

第一节　摄影图片集策划与实施 ··· 102

一、摄影基本要求 ··· 102

二、图片集图片制作 ··· 102

第二节　录像片拍摄 ··· 105

一、整个短片构思 ··· 105

二、素材拍摄具体策划 ··· 106

三、现场镜头拍摄实例 ··· 106

四、后期制作 ··· 107

五、录像片需注意的相关事项 ··· 108

六、申报优质工程录像片策划方案 ··· 109

第三节　资料目录制作实例 ··· 111

第十章　附录 ··· 122

一、电气工程强制性条文说明 ··· 122

二、给排水、采暖工程强制性条文说明 ··· 135

三、通风与空调工程强制性条文说明 ··· 139

参考文献 ··· 142

特别鸣谢 ··· 143

第一章 概　　述

机电优质工程是以先进的技术、科学的管理,通过施工过程控制将工程质量控制与质量管理体系有机地结合起来,达到国内、地区、行业质量水平领先以及用户满意的安装工程。

机电优质工程的内涵是以现行有效的规范、标准和工艺为依据,通过全过程、全员参与的管理方式对工序全过程进行精心操作、严格控制和周密组织,使整个安装工程最终达到优良的内在品质和精致的外观效果,并能够最大限度地满足用户需求。

第一节　机电优质工程的特点

一、工程安全、适用、美观

在保证用电、用水、用气、用油、防雷安全的基础上,能满足使用功能,体现安装效果及绿色环保,充分体现人性化,并应兼顾可持续发展的要求。

二、工程经得起宏观、微观检查和时间考验

经得起宏观和微观检查的工程,越是严格检查越可显示其精致细腻之处,并能经得起时间的考验。

三、工程的技术含量相对较高

机电优质工程不仅应体现在工程质量上,也应体现在工程技术含量上,在工程质量同等条件下,机电优质工程的技术含量应高于一般机电工程。

四、工程应无安全及使用功能方面的质量缺陷

满足使用安全和使用功能的要求不仅仅是优质工程的要求,更是一般机电工程的要求,但机电优质工程更应该是无安全及使用功能方面的质量缺陷。

五、工程整体质量达到优质机电工程条件

在各分部分项工程中均能反映出其精致、细腻、均衡的特色,特别是在施工过程中,能深刻理解设计意图,积极开展管理创新、技术创新、工艺创新,"创过程优质、做细节大师",尽力做到精益求精。工程技术先进,性能优良,使用寿命长,其可靠性、安全性、耐久性、经济性、舒适性等方面均满足用户需求。

六、工程符合国家现行法律、法规、标准、规范和"强制性条文"的要求

机电工程符合国家现行法律、法规、标准、规范和标准要求是前提,而"强制性条文"更是直接涉及人民生命财产安全、人身健康、环境保护和公共利益的条文,同时考虑到提高经济和社会效益等方面的要求,因此机电优质工程更不能违反其中的要求。

第二节　实施机电优质工程的意义

实施优质工程可促进项目整体质量水平提高,在行业市场竞争中树立良好的社会信誉、赢得市场,

它还可提高用户的满意度，使用户产生对企业品牌的信任。

实施机电优质工程的过程本身就是一个对企业质量意识的强有力的教育及自我提高的活动，它可以使组织中的每一个成员都行动起来去实现转变，使我们企业的各部门之间消除壁垒，加强配合，使我们的质量策划、控制、改进等方面在统一协调的氛围中，持续得到加强。

创建机电优质工程可树立全体员工的质量意识，而不仅仅只是依靠各种检查、验收来保证质量；还可使企业持续改进生产和服务系统，以达到或接近达到"过程无返工、运行无故障"，令顾客满意，最大限度地实现顾客零投诉。同时，通过优质工程策划与实施，在过程中培养出大量优秀人才。

创建机电优质工程可使企业加强对员工的技能培训。技能是指直接保证和提高建筑质量的专业技术和操作技能。对于工程技术人员，可促使他们学习新方法，掌握新技术；对于一线工人，能促使他们加强基本技能训练，熟悉各种材料的特性和操作工艺，不断提高操作水平；对于领导人员，在促进专业技能提升的同时，还可提升管理技能。

创建机电优质工程可以加强企业的质量经济分析能力。在实现机电工程优质建造过程的同时，可以积累大量的质量成本（质量成本＝预防成本＋鉴定成本＋损失成本）数据，通过分析、运用，使得质量成本趋于最低。

创建机电优质工程可提升企业的品牌。在满足机电功能及机电安装规范的要求下，增强观感质量，使用户的满意度增加，使企业的品牌得到提升。

第三节　机电优质工程包含的主要内容和实施范围

一、机电优质工程包含的主要内容

首先是机电优质工程的策划，包含人员、物资、机械、工期、技术、资料等的计划及保障。

其次是机电优质工程的实施与控制，包含对分包方、分供方的控制，结构配合阶段的实施与控制、管道设备安装的实施与控制、电气安装的实施控制、智能建筑的实施与控制等。

另外还包括机电优质工程的持续改进，"持续改进"应与机电优质工程的实施、控制同步进行，包含质量成本分析、售后服务、顾客满意度调查、对各种质量问题的分析，以及针对各种分析结果，采取纠正措施，如对操作层的培训、改进工艺及施工方法等。

二、实施机电优质工程的范围

实施机电优质工程的范围为：与业主的合同中质量要求高的工程；与业主的合同中需要获得地方、行业和国家奖项的工程；企业认为可以成为标志性建筑或样板的工程；企业认为条件允许且业主有需求的工程，并在成本允许的情况下实施优质工程。

三、机电优质工程的外在联系

一个好的优质建筑物，结构优质是骨骼与肌肉，机电优质是血脉与神经，装修优质是外衣与饰品。这三者之间是相辅相成、唇亡齿寒的关系，没有一个好的结构，就不可能有一个好的机电产品，同样如果机电安装达不到优质，再好的结构对于整个工程而言也弥补不了机电的缺陷，也不是一个优质的工程。装修优质就像是给建筑物穿漂亮的外衣、戴精美的宝石，而机电优质能让外衣更加亮丽，宝石更加璀璨。但三者在成长过程中，又不可避免地存在着矛盾与冲突。这三者之间只有确立"下道工序是顾客、时时处处令顾客满意"的理念才能解决这三者在配合上矛盾，才能使整个工程成为优质工程。

此外，机电优质工程亦是一个系统工程，只靠施工单位单方面的努力还远远不够，它必须得到建设单位、设计单位和监理单位的大力支持。只有大家都有质量意识，才能最终实现机电的优质工程。

第二章 优质工程施工管理控制

第一节 优质工程施工制度的建立

一、目标管理（MBO）制度

目标既是一切管理活动的出发点，又是一切管理活动所预期达到的终点；既是管理活动的依据，又是考核管理效率和效果的标准，见表 2-1。

目标管理制度表

表 2-1

目标划分	序号	管理文件	作　用	目标
质量目标	1	《质量计划》	明确质量管理程序	分项工程一次验收合格率100％
	2	《过程创优实施计划》	明确质量管理责任	
	3	《质量检查计划》	明确质量控制要点、内容、检查方法	
	4	《施工管理规定》	明确工序检验报验程序及质量管理的奖罚原则，保证 ISO 9001 质量管理体系标准在本工程中正常运行	
管理目标	5	《项目管理条例》	明确施工管理职责，强化管理科学体系	形成项目施工管理规矩
	6	《项目施工管理手册》	明确专业队伍管理范围及标准，提高管理工作质量，提升管理水平，加大管理力度	
	7	《项目部门工作手册》	明确各部门职责，理顺项目运作程序，统一协调施工管理，提高工作效率	
	8	《项目试验管理方案》	明确试验项目、取样数量、取样方法及管理程序	
	9	《项目技术资料管理方案》	明确技术资料填写标准、内容、注意事项、管理程序及责任划分，有效控制技术资料管理	
	10	《项目安全生产管理制度》	明确各级人员安全生产责任	安全文明工地
	11	《项目安全管理手册》	具体明确安全技术措施	
	12	《项目环境管理计划》	明确 ISO 14001 的标准及要求，识别环境因素与评价程序	绿色施工示范工程
	13	《专业队伍技术管理制度》	明确专业队伍技术工作程序及内容，对技术活动和技术工作要素进行科学管理	

二、培训交底制度

培训交底制度的目的是强调预控，强调机电工程质量的事前控制，明确规范要求，设定施工与验收的质量标准，强化质量保证体系的功能性，使之不流于形式，并全面覆盖工程各参建的机电施工单位，特别是建设单位的机电专业分承包单位；同时在施工中检验方案和交底是否具有指导性、针对性、可操作性和严肃性，施工方案、技术交底、作业指导书等的管理层次是否清楚，内容是否严谨全面，是否符合规范要求。保证进入现场的人员了解现场实况，了解国家、部委的法律、法规和标准及现场管理制度和规定；掌握必要的安全、质量知识；提高自我防护及安全意识，增强质量意识，自觉遵守现场纪律、维护本企业形象，保证施工生产的顺利进行，见表2-2。

培训交底制度表　　　　　　　　　　　　　　　表 2-2

序号	培训内容	培训时间	培训对象	培训方式	培训人员或单位
1	质量验收规范	每月一次	施工管理人员	讲课及考试	项目总工、机电总工
2	质量教育	每周一次	劳务人员	现场实体讲解	质量部、工程部
3	质量讲评	每周一次	施工管理人员	分析质量问题集中培训及现场指导	公司领导及专家
4	方案、措施交底	施工作业前	操作工人管理人员	书面交底及讲解	技术部、质量部、工程部、安全部
5	质量监控核查会	每周一次	施工管理人员	书面总结分析	质量部、技术部、工程部
6	结构配合阶段施工要点讲座	基础底板施工前	施工管理人员与操作层	集中培训、现场指导及问答	专家及总工
7	装饰装修配合阶段施工要点讲座	装饰装修施工前	施工管理人员与操作层	集中培训、现场指导及问答	专家及总工

1. 质量意识教育

增强全体员工的质量意识是创优质工程的首要措施。工程开工前，针对工程特点，由项目总工程师（主任）负责组织有关部门及人员编写本项目的质量意识教育计划。计划内容包括公司质量方针、项目质量目标、项目创优计划、项目质量计划、技术法规、规程、工艺、工法和质量验评标准等。通过教育提高各级管理人员与施工队伍单位施工人员的质量意识，人人树立"百年大计、质量第一"的思想，并贯穿到实际工作中去，以确保项目创优计划的顺利实现。项目各级管理人员的质量意识教育由项目经理部机电经理、总工程师及现场经理负责组织教育；参与施工的各施工队伍各级管理人员由项目质量总监理工程师负责组织进行教育；施工操作人员由各施工队伍组织教育，现场责任工程师及专业监理工程师要对施工队伍进行教育的情况予以监督与检查。

2. 加强对施工队伍的培训

施工队伍是直接的操作者，只有他们的管理水平和操作水平提高了，工程质量才能达到既定的目标，因此要着重对施工队伍进行技术培训和质量教育，帮助施工队伍提高管理水平。项目对施工队伍班组长及主要施工人员按不同专业进行技术、工艺、质量综合培训，未经培训或培训不合格的施工队伍不允许进场施工。项目要责成施工队伍建立责任制，并将项目的质量保证体系贯彻落实到各自的施工质量管理中去，也就是质量保证体系纵向到底，并督促其对各项工作的落实。

3. 加强对图纸、规范的学习与理解

严格按规范施工的工程才是优质工程，如创北京市"建筑长城杯"工程的一个重要宗旨就是"学规范"。项目应定期组织技术人员、现场施工管理人员以及施工队伍中的班组长等骨干人员进行图纸和规范的学习，做到熟悉图纸和规范要求，全面深刻地理解设计意图，严格按图纸和规范施工。同时也给图纸多把一道关，在学习过程中及时发现图纸中存在的设计不足，并将信息及时反馈给建设单位和设计单位。

4. 加强合同的预控作用

合同管理贯穿工程施工经营管理的各个环节，合同是约束自己也是保护自己必不可少的手段。要特别注重施工队伍的选择，比较各分包方价格、工期、质量目标，细化合同内容，将对施工队伍的质量要求、质量目标写入合同中，合同内容要力求全面严谨、责权明确、不留漏洞。工程开工后，应随工程合同签定的进展情况，对项目各部门进行合同交底，做到人人心中有数，用合同条款要求施工队伍的施工质量。

三、样板制度

在分项（工序）施工前，由责任工程师依施工方案和技术交底以及现行国家规范、标准，组织进行分项（工序）样板施工，在施工部位挂牌注明工序名称、施工责任人、技术交底人、操作班组长、施工日期等。可将每一层的第一个施工段的各分部分项工程及重点工序都作为样板，请监理共同验收，样板未通过验收前不得进行下一步施工。同时分包人员在样板施工中也接受了技术标准、质量标准的培训，做到统一操作程序、统一施工做法、统一质量验收标准。建立分项工程（工序）样板制是保证过程优质的关键程序，是检验施工方法、技术交底以及施工部署合理性、准确性的依据，更是预防质量通病、明确质量控制要点的依据，也是检验设计是否合理、设计预期使用功能是否完善的依据。

样板制度范围见表2-3。

样 板 制 度 表   表 2-3

样板范围	1.工序样板；2.分项工程样板；3.样板间；4.样板段；5.样板回路等多方面
样板施工时间	各分项工程（工序）施工前
样板施工依据	1.《施工验收规范》；2.《图纸会审》；3.《设计变更洽商》；4.《施工组织设计》；5.《施工方案》；6.《技术交底》；7.《施工作业指导书》
样板施工前准备	1.由责任工程师依施工方案和技术交底组织操作人员进行认真的书面及现场技术交底，明确工序质量操作标准和要求 2.在施工部位挂牌：注明工序名称、施工责任人、技术交底人、操作班长、施工日期等
样板施工中要求	1.工程部负责跟踪检查方案、交底在样板施工中的执行情况 2.组织本工种人员到现场学习施工标准及要求 3.工程部负责讲解样板中技术指标的实施要点
样板施工结束	1.样板施工结束后必须经监理、业主及设计方确认后方可进行大范围施工 2.样板未通过验收前不得进行下一步施工

四、三检制度

自检：自检在每一项分项工程施工完后均需由施工班组对所施工产品进行自检，如符合质量验收标准要求，由班组长填写自检记录表。

互检：互检是经自检合格的分项工程，由项目专业监理工程师组织各专业工长及质量员进行相同工序之间的施工班组互检，对互检中发现的问题应认真及时地予以整改。

交接检：当同一分部分项工程的下道工序班组通过检查认为符合分项工程质量验收标准要求时，在双方填写交接检记录、经施工队伍工长签字认可后，方可进行下道工序施工。相关工种之间涉及本道工序与下道工序的衔接时也应进行交接检。项目专业监理工程师要亲自参与监督。

三检制度表见表2-4。

三 检 制 度 表   表 2-4

制度原则	施工过程中严格履行工序间自检→互检→交接检制度的管理
制度目的	保证本道工序质量，检查上道工序质量，服务下道工序
操作要求	严格履行《分项工程（工序）交接单》填写制度
验收要求	认真执行检查验收，未经验收合格的项目不得进行下道工序
验收标准	《施工验收规范》、《技术交底》、《施工作业指导书》

五、设备、材料验收制度

现场使用设备、材料的质量是影响工程质量及安全的重要因素，设备、材料验收制度见表2-5。

设备、材料验收制度表　　　　　　　　　　　　　　　　　　　表 2-5

材料分类	A类：钢材、钢管 B类：机电设备、水电材料、焊接材料、保温材料 C类：机械配件、五金油料、工具及低值易耗品等
材料进场前	上报《材料进场计划单》经相关部门审批同意后方可进场
材料进场后	1. 对屏、柜、台、箱、盘、消防联动台、配线架、冷水机组、水泵、风机、电线电缆、灯具、散热器、空调末端设备等必须进行检验验收，合格后方可使用；未经验收合格的材料不得留置在现场内 2. 配电设备、用电设备、用电器具等的材质证明、见证复试报告、合格证、性能检测报告、3C认证等质量证明文件必须齐全；进口设备、材料等应有商检证明及中文的维护、使用说明书、试验技术要求等，所有质量证明文件均应在设备、材料进场时收集齐全，不得后补 3. 所有进场设备、材料必须满足安全使用要求
材料使用前	1. 计量器具应有计量检定合格证与第三方鉴定机构出具的计量检定证书，精度应符合设计、规范的要求；计量器具使用时应在计量检定有效期范围之内 2. 配电设备、用电设备、电缆、母线、电气器具等在使用前应进行绝缘电阻测试；阀门、自动喷洒灭火系统的闭式喷头等应进行强度试验与严密性试验，测试结果应满足设计、规范、合同要求
材料使用中	1. 电气导管、矿物电缆敷设、风管、管道施工等过程中间有间歇时，应对中间敞口部位进行临时封堵措施 2. 现场责任工程师在施工过程中，对发生的质量问题、通病，要及时检查并对操作人员进行讲解纠正，明确整改措施，帮助操作人员在以后的施工过程中少犯或不犯类似错误，如管道丝扣的扣数、防腐措施是否到位、支架间距是否均匀、正确等

六、现场挂牌标识制度

《技术交底》挂牌：在工序开始前针对施工重点和难点，以及施工操作的具体要求，如：电气导管规格、设计要求、规范要求等，将它们写在专用技术交底牌子上，既有利于管理人员对工人进行现场交底，又便于工人自觉阅读技术交底，达到了理论与实践的统一。

《施工部位开工申请单》挂牌：牌上注明施工日期、部位、内容、施工负责人、质检员、班组长及操作人员的姓名，便于管理人员监督检查现场作业情况，为会诊制度提供追究责任人的依据。同时，要对已经施工完毕的部位使用项目统一标识牌进行标识，并严格执行过程中的标识制度。

《作业指导书》挂牌：注明作业条件及质量要求、施工准备、操作流程、操作工艺及要点、检查的手段方法及标准、成品保护和文明安全施工、环境保护要点、责任人和执行人。

《质量标识》挂牌：①对施工现场不同分部工程使用的主要设备、成品、半成品等进行挂牌标识，标识须注明物资名称、使用部位、规格、数量、产地、进场时间、检验状态、标识人、标识时间等，必要时必须注明存放要求，见表2-6。②对现场成品分专业进行粘贴标识牌，注明分项工程名称、施工单位、验收部位、垂直度、标高误差、尺寸误差、位置误差、验收时间、现场负责人等，示例见表2-7。

物资标识牌表　　　　　　　　　　　　　　　　　　　表 2-6

物资名称		产地	
规格		数量	
进场时间		检验状态	
标识人		标识时间	
存放要求			

成品标识表（如电气工程电箱质量标识牌）　　表2-7

电气工程检查项目	验收标准（单位：mm）	项目部自检	分公司复核
电箱垂直度			
开孔、进电箱管排列			
双电源箱（柜）电缆标志牌			
接线、系统图、接地			
评定结果：			
检查人：			
检查日期：		__年__月__日	__年__月__日

七、质量会诊制度

项目依据ISO 9001质量管理体系标准的要求和质量管理文件，结合现场施工的实际情况，每周进行一次现场质量会检，将不同施工阶段或不同部位和工序出现的质量问题进行汇总，并就检查中发现的问题及时召集项目技术人员和具体施工操作人员分析其产生问题的原因，找出问题症结和相关因素，制定切实可行的预防和纠正措施方案及施工技术管理办法，做到有的放矢，有针对性。

由工程部派专人负责落实检查方案、措施的实施效果，并及时向现场总工及质量部汇报情况，以便做出准确合理的调整。

1. 每周生产例会质量讲评

项目经理部可每周召开生产例会，现场经理要把质量讲评放在例会的重要议事议程上，除布置生产任务外，还要对上周工地质量动态进行全面的总结，指出施工中存在的质量问题以及解决这些问题的措施。措施要切合实际，具有可操作性，并整理出会议纪要，以便在召开下周例会时逐项检查执行情况。对执行得好的施工队伍可进行口头表彰；对执行不力者要提出警告，并限期整改；对工程质量表现差的施工队伍，项目可考虑解除合同并勒令其退场。

2. 每周质量例会

由项目经理部质量总监主持，参与项目施工的所有施工队伍行政领导及技术负责人参加。首先由参与项目施工的分承包方汇报上周施工项目的质量情况、质量体系运行情况、质量上存在问题及解决问题的办法，以及需要项目经理部协助配合事宜。

项目质量总监要认真地听取他们的汇报，分析上周质量活动中存在的不足或问题，和与会者共同商讨解决质量问题所应采取的措施，会后予以贯彻执行。每次会议都要整理好例会纪要，分发与会者，作为下周例会检查执行情况的依据。

3. 每月质量检查讲评

每月底由项目质量总监理工程师组织施工队伍在工程项目上的行政及技术负责人对在施工程进行实体质量检查，之后由施工队伍写出本月度在施工程质量总结报告，交给项目质量总监理工程师，再由质量总理监工程师汇总，并以《月度质量管理情况简报》的形式发至项目经理部的有关领导、各部门和各施工队伍。简报中对质量好的承包方要予以表扬，需整改的部位应明确限定整改日期，并在下期质量例会上逐项检查是否彻底整改。

八、质量追溯制度

定期召开《质量监督核查追溯》专题会，追查造成质量问题的责任单位和责任人，评定责任大小，明确整改措施、整改期限、整改标准、整改负责人和监督执行人。对施工中出现的质量问题，可从人、机、料、法、环、测六个方面进行原因分析，追溯制度是其最好的解决办法。追溯工作可按以下流程

（图 2-1）进行：

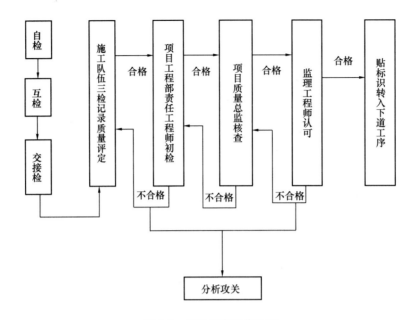

图 2-1 质量追溯工作流程

九、质量奖罚制度

根据施工质量的好坏以及对施工要求的执行程度，采取相应的保证和提高施工质量水平的奖罚措施。

依据国家的质量验收规范及合同约定，制订详细的验收标准，每周进行一次现场质量大检查，检查结果作为奖罚的依据。

通过两次《质量监督核查追溯》专题会的总结落实结果，对于严格按照质量要求和标准进行施工的单位和个人进行奖励，而对出现施工质量问题并整改不到位，且达不到验收标准的班组和个人给予经济处罚，对于造成严重施工质量事故的单位和个人坚决予以清退出场，并追究相应责任。

通过奖罚制度，使操作工人自觉增强质量意识，从而达到培养、锻炼施工队伍的目的；使管理人员认真找出工作中的不足，不断提升施工管理水平，创建过程精品。

将奖罚结果公布在宣传栏中，以达到表彰先进、激励后进的目的。

十、生产例会制度

每天定时由现场经理组织工程部全体人员、质量部和安全部负责人以及各协办单位的施工负责人召开生产例会，总结前一天施工任务的完成情况，提出和解决当天施工中发现和应注意的问题，统筹安排并布置第二天的施工和质量、安全要点。抓好三高期间、冬雨季和台风气候施工安全，确保无一例死亡事故，否则申报优质工程一票否决。

十一、成品保护制度

成品保护措施不及时、不得力，会对半成品、成品、设备造成一定程度或严重的破坏，造成工序质量、设备使用功能的质量缺陷，为保证每道工序质量，需制定一系列措施严格保护成品。如大型设备吊装时，绳索要合理选择吊点，在设备、配件上的绑扎处加软垫，并且要按顺序安装，避免返工；设备机房内发电机组、高低压开关柜、水泵、风机盘管及空调设备等均用塑料薄膜及外固包装箱板防护，以防灰尘等外因影响，留出两端接口处，供管道连接；重要的控制箱、盘，通电后设立明显的"禁止触摸"标志，防止无关人员随意触动，引起误操作，造成设备损坏；对于必须安装而且易损坏、丢失的材料、设备及机房内的设备要在形成封闭条件后再安装，并设专人负责管理，安装完毕后，如有其他承包商进入施工，要办理登记，并设置保护措施后方可施工。

特别是在工期紧张的情况下，更要注重倒置工序的成品保护措施，如防止后置工序的污染措施、防止破坏的措施，特别是在中国传统节日，如春节来临之前，更要加强成品保护措施，以防止成品被破坏与偷盗。

通过制定并实施以上措施，可保护成品质量。

向各施工单位下发《成品保护管理实施细则》及"奖罚条例"。

十二、计划考核制度

项目计划管理不但是施工管理的重要职能，而且与其他管理职能密切相关，处于管理工作的核心位置，它对施工项目的质量、工期和成本三大目标起控制、协调的作用。

项目经理部专门建立计划统计管理考核制度，对参与本工程施工的所有专业施工单位进行《施工计划管理考核评计分》。

第二节　优质工程资料管理

一、基本要求

应根据建筑设备安装工程的实际设计及合约情况，保证工程中各分部（子分部）所含分项工程的相关质量验收记录无遗漏、缺项。

所有需报送建设（监理）方确认、签字的资料，在报送前必须由项目技术负责人或专业技术负责人审核，无误后方可报送。

施工资料的编制、收集，应根据分类由项目部相关部门（岗位）负责。

施工资料的编制及管理应建立流程，并按流程进行管理。

各分部工程在编制施工方案时，应制定该分部工程的施工资料编制计划，并明确责任岗位或责任人。

由施工单位负责编制的施工资料，应保持与施工进度同步，及时编制、及时审核、及时报送监理（建设）方、及时收集整理。

二、施工物资管理资料

由供应商提供的施工材料、设备、半成品的产品合格证、质保书及附带的性能检测报告等应随所供应的施工材料、设备、半成品同时进场，由项目部物资管理部门（岗位）负责收集，并向建设（监理）方报验，同时应将报验合格的材料、设备、半成品编制成进场物资汇总表。

需要进行进场复试（复验）的材料、设备，在进场报验合格后的一个工作日之内必须送出复试（复验）。复试（复验）报告由项目部物资管理部门（岗位）负责收集并报送建设（监理）。

报验合格、复试（复检）合格的施工物资管理资料由项目部技术管理部门（岗位）收集后交给项目资料员汇总、组卷、归档。

施工物资管理资料由项目部技术管理部门（岗位）负责审核，以确保其品种、规格、性能符合设计及相关规范的规定。

三、施工记录资料

施工记录资料由专业工长负责编制，专业技术负责人对其真实性、准确性进行审核。

施工记录资料由项目部工程管理部门（岗位）负责收集。

施工记录资料必须保证与施工进度高度一致，应做施工记录的施工作业，在作业完成后必须将施工记录资料报送建设（监理）单位签字确认。

施工记录资料经建设（监理）单位签字确认，由项目部工程管理部门（岗位）及时追回后，交给项目资料员汇总、组卷、归档。

四、施工试验与检测资料

施工试验与检测资料由专业工长负责编制，专业技术负责人审核。

施工试验与检测资料由项目部工程管理部门（岗位）负责收集。在试验与检测完成后，必须将试验或检测记录资料报送建设（监理）单位签字确认。

施工试验与检测资料经建设（监理）单位签字确认，由项目部工程管理部门（岗位）及时追回后，交给项目资料员汇总、组卷、归档。

五、施工质量验收资料

检验批质量验收记录、分项工程质量验收记录、分部（子分部）工程质量验收记录由专业质量工程师编制，并对记录填写的真实性承担可追溯责任。

施工质量验收资料由项目部质量管理部门（岗位）负责收集，并在验收完成后报送建设（监理）确认、签字。

施工质量验收资料由项目部质量管理部门（岗位）收集后，交给项目资料员汇总、组卷、归档。

六、竣工图

竣工图由项目部技术管理部门（岗位）负责收集。

当建设方委托施工单位编制竣工图时，项目部技术管理部门（岗位）负责组织编制工作，项目部技术负责人及专业技术负责人对竣工图的准确性进行审核后，提交到建设单位。

竣工图经建设单位审核后，由项目部技术管理部门（岗位）交给项目资料员汇总、组卷、归档。

七、资料组卷目录

归档后的施工资料应编制资料总目录、卷内目录、卷内分目录（汇总表）。

资料总目录由项目部资料员编制，项目技术负责人审核。总目录应能够反映资料的完整性，并且准确指向各项资料具体所在的卷、册。机电设备安装工程可按各分部、分项工程分别编制总目录。

资料卷内目录由项目部资料员编制，项目技术负责人或专业技术负责人审核。卷内分目录应能够准确索引具体某一资料所在的页码；卷内分目录可以用《资料汇总表》代替，但必须满足前一项的要求。

第三章 机电安装优质工程策划

第一节 策 划 总 体 思 路

一个机电安装项目要做到机电优质工程，首先一定要在建立项目机电优质工程质量管理体系之时，将建设单位的专业分包单位与三网工程（由于中国移动、中国电信、中国联通、数字电视网络等施工单位是送施工、收服务费用的单位，而且可能在工程施工中滞后施工，破坏已经施工验收完毕的成品，管理难度大，因而宜将其纳入机电优质工程的管理体系之中，统一管理）纳入到体系之中，以保证整个工程机电工程各分部分项工程施工质量的均衡性。在此基础上还要在优质策划上下足功夫，整合公司的整体优势，充分利用公司的技术、深化设计、物资采购等平台，为项目机电优质生产线的实施提供有力的资源保障。同时，在项目实施过程中遵照工程质量"样板引路、过程控制、持续改进"的原则打造机电优质生产线，这样方可确保机电优质工程目标的实现。

结合以往工程的创优经验，机电工程优质策划应做到以下几个方面：

（1）理顺机电整体施工流程，特别是理顺与机电专业相关工种（装饰装修及其他相关机电专业等）的施工流程，建立机电优质质量管理制度及保证程序，分解每道工序的施工质量把控点，落实责任到工序及人员。

（2）保证劳务资源：优先选择长期合作的久经考核的成建制劳务队伍，队伍需具备较高的管理和施工操作素养以及良好的工程业绩，充分适应本单位的项目管理模式，能够完成高质量、高标准的施工要求；当计划完成一个高品质机电优质工程时，不宜一味选取价格最低的劳务分包队伍，而应坚持劳务分包队伍的价格与质量目标的品级适配，即当施工企业与建设单位的合同质量目标为国家级奖项时，机电专业的劳务分包队伍的承包价格宜适当选取，以避免劳务队伍中标价格过低导致的劳务队伍操作者素质过差。

（3）编制针对项目主要施工工艺的优质工程施工标准及质量通病防治措施，该措施要求细致、齐全，涵盖到工程机电专业的各个分部分项工程，特别是要管理好建设单位专业分包的施工质量，并对劳务分包施工作业人员进行交底培训。

（4）优化机电设计：针对管线集中的部位及设备机房对机电管线进行优化排布，在满足管线安装要求的同时，做到排布整齐、美观，并能节约安装空间。

（5）机电安装每道工序实施"样板引路"的模式进行施工，样板需按优质工艺标准进行施工，并在得到安装单位、监理单位及业主单位三方认可后，方可作为其他区域施工的依据；施工过程中实行"过程控制"，采取由公司及项目相关部门组成的质量考核小组进行过程考核控制，以保证目标管理的实现。

（6）设备、材料进场质量控制：进场机电材料采取样品送审制度，封样后严格按照样品材料质量对后续进场材料进行控制；机电大型设备需由厂家进行开箱检验、单机测试，并能满足设计要求；对于有节能验收、防火验收要求见证复试送检的设备、材料，需严格按照送检数量和检测项目进行复检；对于制造加工时应提出的技术要求，应尽量考虑周密，避免在进场验收时或工程验收时才发现加工缺陷。

（7）着力发掘工程难点，打造工程亮点：机电安装重要部位主要包括制冷机房、空调机房、冷却塔、配电控制室、水泵房、配电与智能竖井、消防中心、地下车库等主要功能用房及管廊等管线密集部位，还有屋面机电设备、布线系统的安装等场所，因此应对上述部位逐一进行设备、管线排布二次设计，施工质量实行专人负责制度，并确保把机电工程的工程难点打造成工程亮点。

第二节 专业策划要点

一、电气专业

1. 整体布置

电气桥架与建筑物要和其他设备成等距离排布，成排成行；强、弱电应保持规定距离，支架统一，接地排与桥架同步敷设安装；器具设置按规范，配套成排，弧形一致，固定支架统一；灯具标高要一致，直线度强，开关、插座应统一标高。

2. 防雷设施

建筑物顶部避雷带与顶部外露的金属设备应连成一个整体的电气通路，各金属设备需可靠地与防雷干线连接，利用金属物作为防雷带的焊接面要达到有效倍数，并且成型要符合要求。

3. 配电房

成排配电柜应有公共底座，且与柜间的间隙结合，整体布局应整齐，柜内接线要正确、可靠；电缆桥架设置应规范，接地保护可靠；电缆进柜应合理，受力均匀，外保护好；地沟电缆走在支架上应排列整齐，且分段捆扎，有挂牌；接地排布置要规范，标识清晰，绝缘挡鼠板要合理设置。

4. 金属桥架

应按规定对桥架进行接地连接，并且支架也同时接地连接。

（1）封闭型镀锌金属桥架要确保两处以上与接地干线连接，各结构处仅需将连接螺栓锁紧，支架可有效地与桥架成一体。

（2）封闭型外涂料金属桥架需在各接口处单设接地螺栓用金属导线进行有效跨接。

（3）梯阶式镀锌桥架还需单设接地干线，与支架可靠接地。

5. 母线

母线应选用三相五线制，安装应选用独立的环境，要避免与水管相近，并要有充分的通风环境。

母线的支架和固定压板应可靠地设置，支架应可靠地接地，在垂直穿越楼板时，应规范地设置弹簧支架，孔洞应用防火泥封闭。

6. 灯具的接地

当灯具距离地面高度小于 2.4m 时，灯具的可接近裸露导体必须接地（PE）或接零（PEN）可靠，并应有专用接地螺栓和标识。

7. 导线的连接

导线接头处应连接可靠，当采用压接帽连接时，必须采用"三点抱压式"或其他专业压接钳。

二、设备专业

1. 整体布置

各路管道风管、机械设备按工艺要求布置，同时保持与建筑物等距离，相对标高一致，成排成行，支架设置一致，接口、固定统一，产品保护完美；对其他设备，如电气桥架、配电柜、母线无影响。

2. 动、静设备安装

固定规范、合理，与基础正确地连接，稳定性好，对有减振、限位要求的设备，减振、限位的设备稳定可靠，接管、补偿都达到工艺要求。

3. 伸缩补偿处理

对穿越结构伸缩缝的管道、风管，需要规范性的补偿处理，尤其要按结构伸缩的不同情况，采取对应的有效措施，确保功能完善，运行可靠。

4. 管道的连接及支架设置

管道对接采用焊接的应控制错边量，焊接成型应均匀、饱满，无咬肉和飞溅物。

管道对接采用沟槽型的应考虑在接口旁的规定距离设支、吊架。

管道连接的法兰、焊缝、阀门、仪表等应便于使用和检修，不得紧贴墙面、楼面和管架。

管道支架不得设置在管道焊缝上，同时不能利用法兰、螺栓、吊挂支撑其他设备。

当建筑物是弧形时，应将管道制作成同曲率的弯管，不应由法兰来借弧形或采取其他不合理措施。

5. 管道的外保温

管道与支架结合部应设置软木或同类材料，确保管道外保温的严密性。

管道与绝垫层应贴合紧密，不得有空隙。

金属外保护壳应有效地咬边连接，并且纵缝应错开，不应有其他措施强行连接。

6. 管道的标色

管道本体油漆色标或外保温标色都应按管道内介质的内容来标定。一般给水设定为墨绿色；消防设定为红色；煤气设定为黄色；废水设定为黑色；氧气设定为天蓝色。

7. 卫生器具

洗脸盆的标高应符合规范，同时应做满水试验，存水弯应与墙接口或地接口中心一致，同时应可靠地连接，其他卫生器具都应按其功能设置，保证平整稳固，并与建筑物封闭。标高正确，接管中心一致。

8. 消防箱

消火栓口应按规定的标高设置，栓口和警铃按钮应设置在门轴的反方向，皮带盘铰链应设置在门轴侧，箱门应顺着疏散方向开启。

9. 风管的柔性短管

柔性短管应选用防腐、防潮、不透气、不易霉变或难燃阻燃性材料，长度应为150～300mm，与风管的同心度一致，不得扭曲。

10. 风管穿越防火、防爆墙或墙板

应设预埋管或防护管，其钢板厚度不应小于1.6mm，风管与套管之间采用不燃且对人体无危害的柔性材料封堵。

11. 防火阀安装

防火阀距墙表面不大于200mm，穿越墙体风管段应有2～3mm的钢板。防火阀直径大于630mm时应设固定独立的支、吊架，且不得阻碍手柄的操作。

第三节　机电安装优质工程保障措施

一、组织及人员的保障

1. 组织架构

公司层面成立机电安装优质实施小组负责在全公司范围内将机电安装优质工程的经验总结和推广；负责机电安装优质工程的数据平台的建立、必要的信息支持和技术支持；负责指导具体优质机电安装项目的实施；负责委派优秀的管理人员组成项目经理部。项目经理部负责机电优质工程的具体实施，实际工作由项目经理部（机电部）完成，项目经理（机电经理）负全责。

同时，公司按照管理目标责任制，全面考核项目经理部在质量、工期、安全、成本、质量体系运行等方面的实施情况，形成以全面质量管理为中心环节，以专业管理和计算机管理相支撑的科学化管理体制。

机电优质工程实施组织架构如图3-1（以机电工程作为独立的项目经理部为例）。

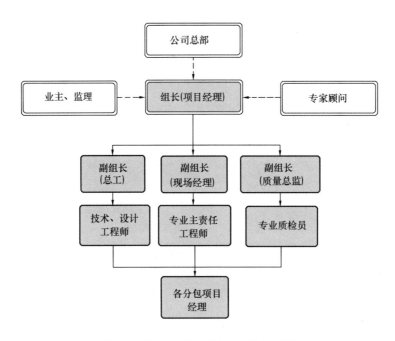

图 3-1 机电优质工程实施组织架构图

2. 人员素质保障

项目所有岗位人员均持证上岗，管理人员持有相应岗位要求的执业资格证，作业人员持有相应岗位要求的操作资格证。

按质量管理体系要求，组织进场施工人员岗前培训，保证施工人员的素质满足工程的质量管理要求。定期对施工人员进行质量教育，增强质量意识，确保其按质量标准、施工规范进行施工。

项目各级部门、人员除必须严格遵守施工现场的各项管理制度外，必须坚持以下原则：设计图纸不经会审和交底不得用于施工；施工组织设计或方案未经监理审批不得用于施工；施工人员未经施工技术交底不得从事施工；材料设备及构配件未报验、审批不得在工程中使用；上道工序质量未经检查、验收不得进行下道工序；未经总监理工程师认可不得进行工程竣工验收。

3. 实现目标管理，进行目标分解

将分部分项工程落实到责任人，从项目的各部门到专业班组，层层落实，明确责任，制定措施，从上至下层层展开，全体人员在生产的全过程中以从严求实的工作态度精心操作，通过工序质量的保证来实现优质工程质量的目标。

二、技术保障

公司层面负责提供机电优质工程必要的技术支持和相应的技术平台保证，项目经理部（机电部）具体实施机电优质工程的技术保障工作，具体工作如下：

（1）收到业主提供的图纸后，及时进行内部图纸会审及深化设计，并做好会审记录。

（2）组织图纸、规范和标准的学习，做到熟悉图纸和规范要求，严格按图纸和规范施工。

（3）根据图纸会审记录和施工图纸，并结合工程实际，分阶段编制专业施工方案和专项技术交底，把施工的指标进行量化。针对重点控制项目编制专项施工及质量保证方案。需要重点控制、编制专项方案的部位有：卫生间、冷冻机房、水泵房、空调机房、发电机房、变配电所、强电间等。需要具体编制的关键工序质量控制工艺有风管制作与安装、保温绝热、暖通设备安装、管道支吊架的设置与安装、大口径管道施工、消声减振、管道冲洗等。

（4）使用 Auto-CAD、Revit、Magi-CAD 等专业绘图软件对本工程进行深化设计，深化专业施工图、综合平面和剖面图、机房平面详图、机房剖面图、设备机房三维效果图、节点大样图、机电末端设备综合布置图等，以指导施工，并且在深化设计时对设备参数进行校核。

（5）组织管理人员学习创优经验，提高管理人员质量、技术意识。

（6）定期组织项目全体管理人员参加质量技术研讨会。

三、机电设备、材料采购的保障措施

机电工程所使用的设备、材料的质量好坏关系到机电整体施工质量的优劣，乃至影响机电系统的正常运行。因此，要实现机电优质工程的质量目标，设备、材料的质量也是关键一环。采购的机电设备、材料应进行严格的质量检验和控制，严格执行材料采购及进场验收程序。物资采购质量保证措施如表3-1。

物资采购质量保证措施 表 3-1

序号	内　容
1	采购机电设备、材料时，须从确定合格的材料供应商或有信誉的厂家采购，所采购的材料或设备必须有出厂合格证、检测报告和使用说明书，对材料、设备有疑问的禁止进货
2	建立合格的材料供应商档案；要求材料供应商必须保证有足够的能力为本机电安装工程提供合格的材料或设备，并确保本机电安装工程所用设备材料的一致性，包括分批供应设备材料的外观颜色
3	建立机电材料封样制度；在材料进场前，由厂家或供应商送样品，报送给监理工程师和业主代表审查，合格后进行封样保存，并建立封样资料由各方签认，以保证后续进场材料的质量标准统一
4	采购的物资，应根据国家和地方政府主管部门的规定及标准要求抽样检验和试验（目前规范要求机电工程共有4类设备材料需做复试：保温材料、风机盘管、电线电缆、散热器），并做好标记；当对其质量有怀疑时，加倍抽样或全数检验
5	设备材料进场时应对其进行验收，验收工作由项目部组织质量工程师、专业工程师进行验收，并邀请监理工程师和业主代表参加；验收的依据是供货合同及封样样品质量，验收质量不合格者不得进场使用；当所购设备的技术参数无法当场验证而必须在系统运行中才可验证时，可先对其进行外观验收，并收集好各种随机文件，包括产品合格证、检测报告等，作为追溯性资料进行存档
6	材料验收合格后立即填写工程物资进场报验资料，报验资料应编号归档；填写内容包括供方名称、合同单号、材料单号、合格证号、日期、验收人员、数量、外观、质量状况等内容；该报验资料是质量追溯性管理的主要资料之一
7	对于甲供设备和材料，除应遵循上述程序外，项目部还应对遗失、受损或其他不合格的材料进行记录并及时以书面形式通知业主

四、施工保障

公司不定期地组织有关机电安装质量专家对机电安装工程的施工进行检查和指导，检查项目经理部机电工程施工的实施工作；项目经理部（机电部）负责机电工程的具体实施。

项目经理部（机电部）严格遵守施工质量验收规范、工艺规程、施工工艺和操作规程。合理安排和控制影响质量的六大因素即施工操作者、材料、施工机械设备、施工方法和施工环境、检测技术。只要将这些因素切实有效地控制起来，就能保证每道工序质量正常、稳定。

项目经理部（机电部）对每一个分部、分项工程严格实行样板制，并制定各分部分项工程质量控制要点及措施，从而保证整体机电优质工程目标的实现。机电各分项工程质量控制要点如表3-2。

机电分项工程质量控制要点 表 3-2

分项工程	质量控制要点	质量控制措施	责任岗位人员
施工准备	材料计划、材料送审、施工方案编制及时	认真编制，及时、准确	专业工程师

分项工程		质量控制要点	质量控制措施	责任岗位人员
电气工程	结构预埋	位置标高正确，线管保护层符合标准，漏埋、错埋、堵塞，管路弯曲半径、弯扁度达到要求	认真查阅图纸，确保按基准标高线施工，避免预埋的管路三层交叉	质量工程师、专业工程师
	孔洞留设	无漏留、错留，标高、规格正确	严格按照深化图施工，严格检查后才能隐蔽	
	桥架、线槽安装	位置、标高正确，与水管、风管间距正确，支架排列正确	按照深化设计图施工	
	母线安装	支架间距正确，母线垂直，接头处封闭，穿楼板处防火封堵严密	根据现场情况，实测数据并深化设计后订货，执行严格检查制度	
	管路暗（明）敷	支架间距正确、防腐（吊顶内、管沟内施工时才考虑），与水管、风管间距正确，接线盒、过线盒选择正确（明配明、暗配暗、金配金、塑配塑），管路弯扁度合格，（跨）接地线规格正确、防松零件齐全、牢固，管口进入接线盒长度正确、断口平齐，机械连接采用专用附件	严格规范要求，认真检查	
	穿线配线	导线涮锡、无损伤，导线绝缘层分色区分用途	技术交底，控制材料采购	
	电缆敷设	电缆平直、固定牢固、电缆弯曲半径符合规范、电缆排列整齐、美观，标识牌齐全	深化电缆排列详图进行协调，电缆按次序进行敷设	
	器具安装调试	器具固定方法正确、位置标高正确、接地可靠安全、有步骤地进行	技术交底全面，严格检查制定专项调试方案	
给排水工程	预留预埋	孔洞规格尺寸正确、位置标高、数量准确，套管规格、数量正确	按照深化图施工、仔细审图、编制表格、逐个检查	质量工程师、专业工程师
	支吊架安装	规格正确、美观，安装方式正确，防腐完整，标高与面漆统一，人性化施工（人易于接触的地方进行倒角措施）	绘制综合支架图及作业指导书指导施工	
	管道安装	管道规格正确，连接方式正确，压力管道试压合格，有压、无压管道坡度坡向正确，管道垂直度符合要求	严格根据深化后的图纸施工，对作业人员充分交底，严格检查	
	管道冲洗、强度、严密性试验	冲洗彻底，管道进口与出口水的颜色基本一致，废水处理后排放，各接口处无任何渗漏	进行技术交底，认真观察	
	器具安装	稳固、通水实验合格、观感质量优，与装修排砖配合好	编制作业指导书、制作样板指导施工	
	保温、标识	穿越隔墙、楼板处工艺符合要求，严密无遗漏，牢固无开裂、脱落，做好管道标识，字迹清晰，不易褪色，箭头指向正确	严格规范要求，认真检查	
	单机调试、系统试运转	有调试方案，按步骤进行	编制专项调试方案指导	

分项工程	质量控制要点	质量控制措施	责任岗位人员
通风空调工程 · 风管制作	材质合格，下料准确，风管连接规范	严把进货关，选择质优产品、加工前技术交底	质量工程师、专业工程师
风管安装	支吊架间距、朝向正确，风管连接规范，套管规格正确	严格规范要求，认真检查必须加阻燃胶带	
空调水管	水管坡度、坡向正确，支架设置符合要求	编制作业指导书指导施工	
设备安装	吊装就位准确、基础验收合格后可进行，减振措施需满足要求	编制施工方案指导施工	
保温、标识	接缝严密、外保护完整；做好标识，字迹清晰、不易褪色	严格规范要求，认真检查	
单机调试、系统试运转	安全、有调试方案、按步骤进行		

五、施工机具及检测设备的保障

按施工进度和施工阶段，编制机电设备安装工程主要机具及检测设备的供应计划，以便于机具、设备有计划、有组织地进场。

加强机械设备的保养工作，在进场前对所有机具都要进行试运行，试运行无问题后方可组织进场。

及时将检测设备送检，确保在检定周期内使用检测设备。

各种机械设备采取定机、定人、定岗，设备的操作人员应有三年以上工作经验，并具有相应的操作资格证书，进场前统一进行考核，不合格者需重新进行培训，确保操作人员能熟练掌握机械设备的操作规程，使机械设备能充分发挥其效率。

第四节 机电成品保护措施

机电成品保护，是关系到确保机电安装工程质量、降低工程成本、按期竣工的重要环节。成品保护必须贯穿于施工全过程，从原材料、半成品直至成品的各个环节都必须进行切实有效的保护。搞好施工中半成品与成品的保护与管理，可以使施工质量故障损失减少到较低限度，保证机电工程的优等质量，最终使建筑产品成为完美无缺的凝固艺术。

一、机电大型设备进场后的成品保护

机电大型设备主要包括制冷机组、柴油发电机组、冷却塔、锅炉、空调机组、板式换热器、水泵等，其进场后主要采取的保护措施见表3-3及图3-2。

机电大型设备进场保护措施 表3-3

设备名称	安装位置	成品保护措施
制冷机组	制冷机房	每台机组四周及顶部采用彩条布围挡封闭，防止灰尘污染；如有硬物坠落的风险，机组上方搭设硬支撑防护棚，并用防水苫布覆盖
柴油发电机组	柴油发电机房	每台机组四周及顶部采用彩条布围挡封闭，防止灰尘污染；如有硬物坠落的风险，机组上方搭设硬支撑防护棚，并用防水苫布覆盖
冷却塔	屋顶	采用彩条布或塑料膜封闭，防止灰尘污染
锅炉	锅炉房	采用彩条布或塑料膜封闭，防止灰尘污染
空调机组	各空调机房	每台机组采用彩条布封闭，防止灰尘污染
水泵	制冷机房、水泵房	采用彩条布或塑料膜封闭
板式换热器	制冷机房、换热机房	采用彩条布或塑料膜封闭，防止灰尘污染

图 3-2　设备进场成品保护示意图

二、对进场设备、材料的成品保护

机电材料和设备进场计划与施工计划相协调，防止易损或昂贵材料和设备在现场堆放时间过长，导致成品保护难度加大。对进场小型材料、部件，在库房内或料场统一堆放保管，下垫方木，上盖彩条布或帆布，外设围栏防护；对进场材料进行标识和编排，同时派专人负责看守、维护，以防锈蚀。在春节前需要进场的设备、材料应制定周密计划，即使是已经进行了施工安装，也要有相应的保护措施，避免失窃，见图 3-3。

图 3-3　材料进场成品保护示意图

三、对施工过程中成品、半成品的管理

工作面移交管理：在总承包商的管理下，工作面移交全部采用书面形式由双方签字认可，由下道工序作业人员和成品保护负责人同时签字确认，并保存工序交接书面材料，下道工序作业人员对成品的污

染、损坏或丢失负直接责任。

任何队伍进房间施工必须持有经成品保护小组批准的入室施工申请单和出入证，并办理工序交接手续。

机电工作自身成品保护管理：机电安装工程加工的成品、半成品较多，如套管、管道设备支架、管道、风管、矿物绝缘电缆等，见图3-4。

 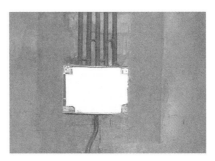

机电预留洞成品保护   暗埋电气接线箱成品保护

图3-4 对施工过程中的半成品保护示意图

明确各区域成品保护责任单位，安排专人巡视检查，防止污染、磕碰、损坏、失窃等现象发生。

对成品、半成品挂标牌进行标识，做好工序标识工作，在施工过程中对易受污染、破坏的成品、半成品标识"正在施工，注意保护"的标牌。

风管统一堆码整齐，分层分施工部位进行堆放，采取必要的防护措施，防止损坏和丢失。

采取"护、包、盖、封"的保护措施，对成品和半成品进行防护，发生成品损坏的，要及时恢复。

制定正确的施工顺序，确定重要部位的施工工序流程，将土建、水、电、消防等各专业工序相互协调，排出一个部位的工序流程表，各专业工序均按此流程进行施工，严禁违反施工程序的做法。

施工安装时对给排水、卫生器具应临时堵封，工种交叉施工应有成品保护措施，交竣工期间组织成品保护小组对安装成品、半成品、设备等进行巡护。

四、对已施工完成品的管理

施工完成的管道及时用塑料薄膜进行包裹，在施工过程中要注意不得蹬踏各种卫生器具、电气设备、水暖管道等。见图3-5。

 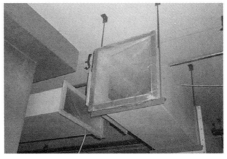

图3-5 对已经施工完成品的保护示意图（风机盘管、风管）

所有设备、管线、配电箱和水系统闸阀按照图纸在两端及中间检修位置分别设置标签，标签应统一规格，标明"保护成品，请勿乱动"等字样，标签文字应为印刷体，颜色醒目且易于识别，具有防脱落、防水、防高温、防腐蚀性。

现浇混凝土结构配管，在土建合模前应进行检查，防止遗漏和位移，混凝土施工时，应安排专人看守，发现损坏及时修复。

配电箱（柜）等有烤漆或喷塑面层的电气设备安装应在土建抹灰装饰工程完成之后进行，其安装完成后采取塑料膜包裹或彩条布覆盖保护措施，防止受到污染。

对于变配电设备、仪器仪表等重要物资在进场后交工验收前，应设专人看护，防止丢失和损坏，特别是冷冻机组、变配电设备、消防联动设备、智能系统设备等应在变配电室、智能竖井、建筑电气竖井、消防中心等设备间门窗安装完毕、上好锁后再安排进入施工现场。

电气安装施工时，严禁对土建结构造成破坏，对粗装修面上的变动应先征得土建技术人员的同意，在精装修已完成时，电气安装施工必须采取有效措施，防止地面、墙面、吊顶、门窗等可能受到的损坏和污染。

电气安装时，在接、焊、包全部完成后，应将导线的接头盘入盒、箱内，并用纸板或泡沫板封严实，以防污染，同时应防止盒、箱进水。

配电柜安装好后，应将门窗关好、锁好，以防止设备损坏及丢失。

五、机电安装过程中成品保护措施

机电安装过程中成品保护措施如表 3-4。

机电安装过程中成品保护措施　　　　　　　　　　　　　　　　　　表 3-4

分项工程	成品保护措施
电气安装工程成品保护措施	1) 配电箱、柜、插接式母线槽和电缆桥架等有烤漆或喷塑面层的电气设备安装应在土建抹灰工程完成之后进行，安装完成后采取塑料膜包裹或彩条布覆盖的保护措施，防止受到污染； 2) 电缆敷设应在土建吊顶、精装修工程开始前进行，防止电缆施工对吊顶、装饰面层的破坏； 3) 灯具、开关、插座等器具应在土建吊顶、油漆、粉刷工程完成后进行，可防止因吊顶、油漆、粉刷工程施工受到损坏和污染； 4) 电气安装施工时，严禁对土建结构造成破坏，对粗装修面上的变动应先征得土建技术人员的同意，在精装修已完成时，电气安装施工必须采取有效措施，防止地面、墙面、吊顶、门窗等可能受到的损坏和污染； 5) 穿线时应先穿上护口，不得污染设备和建筑物品； 6) 电气安装时，在接、焊、包全部完成后，应将导线的接头盘入盒、箱内，并用纸封严，以防污染、失窃，同时应防止盒、箱进水； 7) 灯具进入现场后应码放整齐、稳固，并要注意防潮、防锈，搬运时应轻拿轻放，以免碰坏表面的镀锌层、油漆及玻璃罩
通风空调工程成品保护措施	1) 安装完的风管要保证风管表面光滑洁净，室外风管应有防雨、防雪措施； 2) 暂停施工的系统风管，应将风管开口处封闭，防止杂物进入； 3) 风管伸入结构风道时，其末端应安装上钢板网，以防止系统运行时杂物进入金属风管内，金属风管与结构风道缝隙应封堵严密； 4) 风管穿越沉降缝时应按设计要求加设套管，套管与风管的间隙用填料（软质）封堵严密； 5) 风口应采取有效的保护措施，保护装饰面不受损伤；调节阀及防火阀的执行机构应有保护罩，防止执行机构损坏或丢失； 6) 交叉作业较多的场地，严禁以安装完的风管作为支、托架，不允许将其他支吊架焊在或挂在风管法兰和风管支、吊架上； 7) 土建施工在风管安装之后进行时，应有防止风管污染的有效措施； 8) 运输和安装阀件时，应避免由于碰撞而产生的执行机构和叶片变形；露天堆放应有防雨措施； 9) 风管应码放在平整、干燥的场地，不得与其他材料混放，并按照系统排放，便于搬运安装；在搬运时应轻拿轻放，防止损坏； 10) 保温材料现场堆放一定要有防水措施，尽可能存放于库房中，或用防水材料遮盖，并与地面架空； 11) 镀锌钢丝、玻璃丝布、保温钉及保温胶等材料应放在库房内保管。保温用料应合理使用，尽量节约用材，收工时未用尽的材料应及时带回保管，或堆放在不影响施工的地方，防止丢失和损坏
管道工程成品保护措施	1) 明露管道应有有效地防止土建污染的措施； 2) 安装好的管道及其支吊架不得作为其他用途的受力点； 3) 管道安装中断处或者预留管口应采取临时封闭措施，防止杂物掉入，造成管道堵塞； 4) 阀门作为重点保护：将手轮在安装完成后卸下保存，交工前统一安装好；为防止水表损坏，统一在交工前装好； 5) 管道安装完成后，应将所有管路封闭严密，防止杂物进入，造成管道堵塞；各部位的仪表等应加强管理，防止丢失和损坏

第四章　机电深化设计

第一节　机电深化设计

一、机电深化设计流程

1. 主要依据

（1）业主提供的初步设计图或施工图。

（2）业主招标过程中对承包方的技术答疑回复。

（3）国家现行的相关法律、法规、规范、标准（包括设计类的），设计指定的相关图集等。

（4）供货商所提供的图纸以及设备信息。

（5）专业分包商提供的图纸。

2. 深化设计的目的

（1）合理布置各专业管线，最大限度地增加建筑使用空间，减少由于管线冲突造成的二次施工。

（2）综合协调机房及各楼层平面区域或吊顶内各专业的路由，确保在有效的空间合理布置各专业的管线，以保证吊顶的高度，同时保证机电各专业的有序施工及使用功能。

（3）综合排布机房及各楼层平面区域内机电各专业管线，协调机电与土建、钢结构、幕墙、精装修专业的施工冲突。

（4）确定管线和预留洞的精确定位，减少对结构施工的影响。

（5）提前发现设计不足并予以弥补，减少因此造成的各种经济损失与质量不足。

（6）核对各种设备的性能参数，提出完整的设备清单，并核定各种设备的订货技术要求，便于采购部门的采购。同时将数据传达给设计，以检查设备基础、支架是否符合要求，协助结构设计绘制大型设备基础图。

（7）合理布置各专业机房的设备位置，提供设备基础图的优化方案，保证设备的安装、运行维修等工作有足够的空间。

（8）综合协调竖向管井的管线布置，使管线的安装工作顺利地完成，并能保证管井有足够合理的空间完成各种管线的安装、检修和更换工作。

（9）完成竣工图的制作，及时收集和整理施工图的各种变更通知单及洽商。在施工完成后，绘制出完成的竣工图，保证竣工图具有完整性和真实性。

（10）充分发掘设计难点，打造机电专业的细部工艺的程度，将设计难点转化为工程亮点。

3. 深化设计流程

由机电设计协调人参照以下工作流程编制项目深化设计工作流程，并和业主、设计院、项目共同讨论通过。流程见图 4-1。

4. 深化设计主要工作内容

（1）理解项目合同对深化设计的要求及图纸的深度。

（2）项目机电深化设计图纸的设计工作。

（3）为项目物资采购和合约工作提供支持，如参数确定、供货商设备技术资料审核、索赔报告准备等。

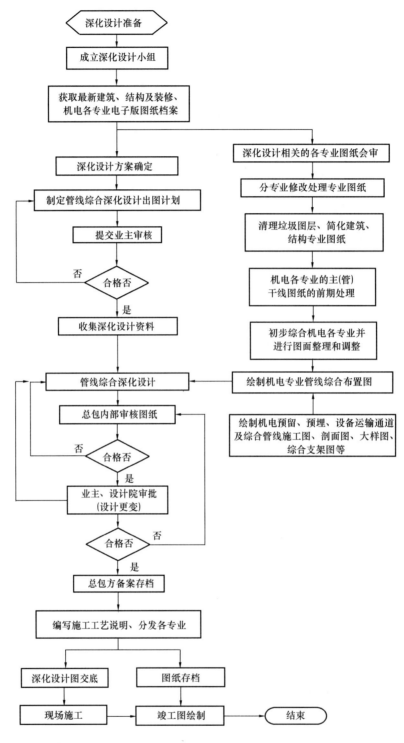

图 4-1 深化设计流程图

（4）为项目实施提供技术支撑，负责协调、审核机电设计方案。

（5）指导项目完成竣工图绘制。

5. 图纸种类

（1）机电系统原理图。

（2）机电专业施工平面图。

（3）综合机电协调图。

（4）综合机电预留预埋图，具体包括预埋管线、结构留洞及套管安装图等，以及吊顶综合平面布置图及墙面检修口图。

（5）机房、卫生间、主控室平面布置详图，如风机房、制冷机房、冷却塔、卫生间、水箱间、高低压配电室、电气小间等。

（6）管井综合布置图。

（7）设备基础图。

（8）室外工程外网综合布置图。

6. 图纸深度

（1）建筑本体部分

尺寸：细化标注尺寸，如各种平面管线的平面位置、标高、间距，立管及其他所有需定位的机电设施的尺寸，距相邻建筑墙体、梁、柱的距离要求等。

（2）机电各专业系统部分

深化系统设计，如详细标明各种管线的规格、材料、连接方式，阀门、灯具、风机盘管、暖风机、变风量末端装置的技术规格及应用部位等。

完善系统原理图中的细节部分，使原理图更加明确，工艺流程更加合理。

（3）管线综合部分

完善局部断面、立面及平面的管线汇总工作，确定各种管线的标高、位置及交叉时的解决方法，制作机电综合协调图、综合机电土建配合图，如机电预留预埋图、吊顶综合平面布置图等。

（4）细部做法部分

完善各大样图的深化设计，如机房、管道井的布置，卫生洁具的具体定位，走廊顶棚上安装的各种器具的成排成线布置，确保建筑层高要求等。

（5）深化设计图应达到的标准

按照所提供的图纸进行深化设计，确保依照原设计意图进行，保持原设计风格不变；图纸尺寸标注详细，明确简洁；做法表达清楚，与各专业的图纸协调，保证建成后达到预期的使用功能、使用安全、可靠性和美观标准；机电专业平面与系统相对应，各种管线关系表达明确；对施工过程中应注意的问题进行说明，确保正确施工。

二、机电深化设计制图规范

1. 目的

为规范机电深化设计工作程序，提高图纸制作质量，统一图纸制作规则、标准、内容和出图深度，满足机电各专业施工需要。

2. 工作目标

规范化——有效提高机电深化设计的工作质量；

标准化——提高机电深化设计的工作效率。

3. 工作风格

本标准为形成绘图表达风格的统一，不提倡个人绘图表达风格。机电深化制图的表达应清晰、完整、统一。

4. 专业图层、颜色设置

建筑专业图层，颜色——白色；

暖通专业图层，颜色——绿色；

给排水专业图层，颜色——青色；

消防水专业图层，颜色——蓝色；

动力专业图层，颜色——143色；

电气专业图层，颜色——红色；

弱电专业图层，颜色——品红色；

保温及支架图层，颜色——253色。

5. 综合管线布置图绘制标准

（1）尺寸标注做如下规定，以1：100图纸为例（表4-1）。

综合管线布置图标注要求　　　表 4-1

直线和箭头								
颜色	线宽	超出标记	基线间距	超出尺寸线	起点偏移量	箭头	引线	箭头大小
随层	随层	1	5	1	0.625	建筑标记	实心闭合	1
文　字								
文字样式	颜色	文字高度	垂直位置	水平位置	从尺寸线偏移	文字对齐		
Arial	随层	2.5	上方	上方	0.625	与尺寸线对齐		
调整/主单位								
使用全局比例	单位格式	精度	比例因子	消零				
100	小数	0	1	后续				

若以其他比例出图，仅修改全局比例即可。如果以1：50出图，把尺寸标注样式中的全局比例改为50即可。同理，如果以1：150出图，把尺寸标注样式中的全局比例改为150即可。

（2）字体设置

● 字体——仿宋－GB2312，字高——400，字宽——0.8（1：150；1：200）；

● 字体——仿宋－GB2312，字高——300，字宽——0.8（1：100）。

（3）标高设置

标识管线标高，一般以相对标高为准，即按距建筑地面的距离标高。水管相对标高以管中心距建筑地面的距离为准，标注样式：CL：F＋×.×××；风管或者线槽相对标高以管底距建筑地面的距离为准，标注样式：BL：F＋×.×××。

6. 专业图纸处理

（1）暖通专业

1）图层

空调风系统：空调风管；

空调风管文字标注（注：含阀部件）。

空调水系统：空调水管；

空调水管文字标注（注：含阀部件）。

2）文字

空调风管文字标注可标在风管中间，空调水管文字标注引出至管道外。

3）间距

空调风管间距原则上按不少于150mm布置，空调水管间距原则上按保温后间距不少于100mm布置。具体间距可见表4-2。

空调水管最小间距参考表（单位 mm）　　　表 4-2

公称直径	无缝管外径	保温层厚度	最小中心距	非保温管中心距	备注
≤DN50	φ57	δ＝25	200	200	
DN70	φ76	δ＝32	250	200	

公称直径	无缝管外径	保温层厚度	最小中心距	非保温管中心距	备注
DN80	φ89	δ=32	250	200	
DN100	φ108	δ=32	300	250	
DN125	φ133	δ=32	300	250	
DN150	φ159	δ=32	350	300	
DN200	φ219	δ=32	400	350	
DN250	φ273	δ=32	450	400	
DN300	φ325	δ=40	500	450	
DN350	φ377	δ=40	550	500	
DN400	φ426	δ=40	600	550	
DN450	φ480	δ=40	700	600	
DN500	φ530	δ=50	750	700	
DN600	φ630	δ=50	850	750	
DN700	φ730	δ=50	950	850	
DN850	φ880	δ=50	1100		
DN1000	φ1030	δ=50	1250		
DN1200	φ1230	δ=50	1450		

4）颜色

空调风系统及空调水系统的图层颜色统一按随层处理。

（2）给排水专业

1）图层

给排水管道；

人防给排水管道；

给排水管道文字标注（注：含阀部件）。

2）文字

给排水管道文字标注引出至走道外。

3）间距（表4-3）

给排水管道间距原则上按保温后（或非保温管外壁）间距不少于100mm布置。

动力管道最小间距参考表（单位mm） 表4-3

公称直径	无缝管外径×壁厚	保温层厚度	最小中心距	备注
DN15	φ18×3.0	δ=50	250	
DN20	φ25×3.0	δ=50	250	
DN25	φ32×3.5	δ=50	250	
DN32	φ38×3.5	δ=50	250	
DN40	φ45×3.5	δ=50	250	
DN50	φ57×3.5	δ=50	250	
DN70	φ76×4.0	δ=50	300	
DN80	φ89×4.0	δ=60	300	
DN100	φ108×4.0	δ=60	350	
DN125	φ133×4.5	δ=60	350	
DN150	φ159×4.5	δ=60	400	
DN200	φ219×6.0	δ=60	450	
DN250	φ273×8.0	δ=60	500	

4）颜色

给排水系统的图层颜色统一按随层处理。

（3）消防水专业

1）图层

消防水管道；消防水管道文字标注（注：含阀部件）。

2）文字

消防水管道文字标注引出至走道外。

3）间距（表4-3）

消防水管道间距原则上按管外壁间距不少于100mm布置。

4）颜色

消防水系统的图层颜色统一按随层处理。

（4）动力专业

1）图层

动力管道；动力管道文字标注（注：含阀部件）。

2）文字

动力管道文字标注引出至走道外。

3）间距（表4-3）

动力管道间距原则上按保温后间距不少于100mm布置。

4）颜色

动力系统的图层颜色统一按随层处理。

（5）电气专业

1）图层

高压电气桥架；干线桥架（注：含母线槽等）；照明桥架；人防电气桥架。

2）文字

文字标注尽量引出至布线导管外。

3）间距。

线槽间距原则上左右距离不少于100mm，上下距离不小于下层线槽高度布置。

4）颜色

电气桥架系统的图层颜色统一按随层处理。

（6）智能建筑专业

1）图层

综合布线线槽；安防系统线槽；广播系统线槽；火灾自动报警系统与消防联动线槽；工艺线槽；建筑设备监控系统线槽。

2）文字

文字标注尽量引出至走道外。

3）间距

线槽间距原则上按照左右距离不少于100mm，上下距离不小于下层线槽高度布置。

4）颜色

系统图层颜色统一按随层处理。

7. 综合管线剖面图图层设置

专业颜色设置

1）建筑底图

底图颜色——253色；剖面线颜色——白色。

2）通风与空调专业

空调风管——绿色；空调风管文字标注——绿色；空调水管——120色；空调水管文字标注——120色。

3）给排水即采暖专业

给排水管道——青色；给排水管道文字标注——青色。

4）消防水专业

消防水管道——蓝色；消防水管道文字标注——蓝色。

5）动力专业

动力管道——143色；动力管道文字标注——143色。

6）建筑电气专业

高压电气桥架——11色；干线桥架——红色；照明桥架——红色；人防电气桥架——红色。

7）智能建筑专业

综合布线线槽——品红；安防线槽——品红；广播线槽——品红；消防电线槽——品红；工艺电线槽——品红；楼控电线槽——品红。

8. 专业管线布置

（1）建筑

建筑底图只保留结构墙体、建筑墙体、建筑功能布局、房间布局用途、地面标高、吊顶标高。文字字体为仿宋-GB2312，文字大小500，宽度0.8。剖面线样式 └1 1┘ 。

（2）机电

各专业水平位置、标高和规格与最终剖面图应该完全一致，各专业标注出管线的水平相对位置和相对建筑地面标高。文字大小400，宽度0.8，标注采用已有的DIM-100样式，文字字体为仿宋-GB2312，颜色随层。

9. 剖面图绘制规范

（1）尺寸标注

直线箭头颜色线宽随层；线型比例：50；标注样式：DIM-100。

箭头：建筑标记；箭头大小：50；尺寸线范围：100。

尺寸线偏移：100；文字颜色：随层；文字高度：100。

文字偏移：40；文字样式：ROMANS。

标注全局比例：1；标注线性比例：1。

（2）剖面图位置选择

剖面图位置为走道管线复杂的区域和管线布置具有代表性的区域，每条走道的剖面图为一至两个。管线布置改变较大走道，可根据实际需要增加一至两个剖面。

10. 专业管线绘制

（1）建筑专业

填充样式：

结构柱、梁和结构楼板等——混凝土填充，角度0，比例40。

钢梁——纤维材料填充，角度45度，比例100。

钢柱——纤维材料填充，角度315度，比例100。

吊顶——石膏板网格填充，角度45，比例80。

二次墙——普通砖填充，角度0，比例80。

墙、柱、梁、走道在剖面图绘制时宽度跟实际一样。

文字样式：字体——仿宋-GB2312，字高——150，字宽——0.8。

标注样式：标注采用已有的DIM-100样式，颜色随层。

剖面图标注出结构墙、二次墙、柱、梁、垫层；标注出剖面图所在的轴线位置；标注剖面图序号，与平面图相应位置的序号对应；标注建筑顶板的绝对标高、建筑底板的绝对标高；标注走道宽度、吊顶以下高度、吊顶高度、梁高度、垫层高度。

（2）通风与空调专业

绘制样式：

正剖风管单线矩形绘制，外保温单线矩形绘制；侧剖风管双线绘制，外保温双线绘制。

正剖水管双线绘制，内圆为公称直径，外圆为管外壁直径；侧剖水管四线绘制，内两线为公称直径，外两线为管外壁直径。外保温双线绘制，保温层厚度按设计要求，网格 NET3 填充，角度 45 度，比例 300。

管线标注：标注风管用途名称、管径规格，标高按距建筑地面距离标高（FL＋），标注风管距墙柱或轴线距离及管间距离；标注水管用途名称、管径规格，标高按距建筑地面距离标高（FL＋），标注水管距墙柱或轴线的距离及管间距离。

文字样式：字体——仿宋-GB2312，字高——200，字宽——0.8，标注采用已有的 DIM-100 样式，颜色随层。

（3）给排水即采暖专业

绘制样式：正剖水管双线绘制，内圆为公称直径，外圆为管外壁直径；侧剖水管四线绘制，内两线为公称直径，外两线为管外壁直径；外保温双线绘制，保温厚度参照设计要求，网格 NET3 填充，角度 45 度，比例 300。

管线标注：标注水管用途名称、管径规格，按距建筑地面的距离标高（F＋），标注水管距墙柱或轴线的距离及管间距离。

文字样式：字体——仿宋-GB2312，字高——200，字宽——0.8，标注采用已有的 DIM-100 样式，颜色随层。

（4）消防水专业

绘制样式：正剖水管双线绘制，内圆为公称直径，外圆为管外壁直径；侧剖水管四线绘制，内两线为公称直径，外两线为管外壁直径。

管线标注：标注水管用途名称、管径规格，按距建筑地面的距离标高（F＋），标注水管距墙柱或轴线的距离及管间距离。

文字样式：字体——仿宋-GB2312，字高——200，字宽——0.8，标注采用已有的 DIM-100 样式，颜色随层。

（5）动力专业

绘制样式：内圆为公称直径，外圆为管外壁直径；侧剖水管四线绘制，内两线为公称直径，外两线为管外壁直径；外保温双线绘制，保温厚度参照设计要求，网格 NET3 填充，角度 45 度，比例 300。

管线标注：标注水管用途名称、管径规格，按距建筑地面的距离标高（FL＋），标注水管距墙柱或轴线的距离及管间距离。

文字样式：字体——仿宋-GB2312，字高——200，字宽——0.8，标注采用已有的 DIM-100 样式，颜色随层。

（6）建筑电气专业

绘制样式：正剖线槽单线矩形绘制，侧剖线槽双线绘制。

管线标注：标注线槽专业名称、线槽规格、标高（底距地多少），标注线槽距墙柱或轴线的距离及线槽间距离。

文字样式：字体——仿宋-GB2312，字高——200，字宽——0.8，标注采用已有的 DIM-100 样式，颜色随层。

（7）智能建筑专业

绘制样式：正剖线槽单线矩形绘制，侧剖线槽双线绘制。

管线标注：标注线槽专业名称、线槽规格、标高（底距地多少），标注线槽距墙柱或轴线的距离及线槽间距离。

文字样式：字体——仿宋-GB2312，字高——200，字宽——0.8，标注采用已有的 DIM-100 样式，颜色随层。

11. 综合管线布置规范

（1）管线布置需要考虑的各个方面

建筑、结构方面：需要考虑建筑结构的标高及建筑结构标高间的差别、不同区域标高的差别、混凝土结构梁的厚度、柱子大小、钢梁大小、是否有斜支撑等。

机电方面：需要考虑到水管外壁、空调水管、空调风管保温层的厚度；电气桥架、水管、外壁距离墙壁至少有 100mm 的距离，直管段风管距墙距离至少 150mm；沿结构墙需设 90 度拐弯风管及有消声器、较大阀部件的区域，要根据实际情况确定距墙柱的距离；管线布置时考虑无压管道的坡度。不同专业管线间距离，要尽量满足施工规范要求；整个管线的布置过程中考虑到以后灯具、烟感探头、喷洒头等的安装以及电气桥架安装后放线的操作空间和以后的维修空间，电缆布置的弯曲半径不小于电缆直径的 15 倍。

（2）管线布置基本原则

风管布置在上方、桥架和水管在同一高度时，应水平分开布置；在同一垂直方向时，应桥架在上、水管在下进行布置。宜综合协调、利用可用的空间。

管线按标高排列的顺序，建议避让原则是：有压管让无压管，小管线让大管线，施工简单的避让施工难度大的，造价低的让造价高的。

以上所述为管线布置基本原则，管线综合协调过程中根据实际情况综合布置。

（3）平面与剖面对应

每个区域，最终出图时，管线位置、规格、标高与机电管线剖面图和平面图应保持一致。在综合协调过程中，剖面图做出调整时，平面图也做出相应调整。

12. 综合预留预埋图

（1）尺寸标注

直线箭头颜色线宽随层；线型比例：1；标注样式：DIM-100。

箭头：建筑标记；箭头大小：150；尺寸线范围：100。

尺寸线偏移：100；文字颜色：随层；文字高度：300。

文字偏移：60；文字样式：ROMANS。

标注全局比例：1；标注线性比例：1。

（2）文字设置

字体——仿宋-GB2312，字高——400，字宽——0.8（1∶150；1∶200）；

字体——仿宋-GB2312，字高——300，字宽——0.8（1∶100）。

（3）出图原则

结构施工时期，只出具结构预留机电墙洞、板洞和套管图纸。

（4）专业颜色设置

暖通专业——绿色；给排水专业——青色；消防水专业——蓝色；动力专业——143 色；电气专业——红色；弱电专业——品红。

（5）专业图绘制

板洞、墙洞和套管的绘制采用结构图纸通用绘图样式，以原设计院结构组合平面为底图出图，墙体套管和墙洞标高为距结构地面的距离。

板洞标注出大小（长×宽）；标注东西方向和南北方向相对结构墙体或轴线的距离；采用已有的标

注样式，颜色随层。

墙洞标注出大小（长×宽）、标高；标注东西方向或南北方向相对结构墙体或轴线的距离；标注样式采用已有的 DIM-100 样式，颜色随层。

地板套管标注出大小；标注东西方向和南北方向相对结构墙体或轴线的距离；标注样式采用已有的 DIM-100 样式，颜色随层。

墙体套管标注出大小、标高；标注东西方向或南北方向相对结构墙体或轴线的距离；标注样式采用已有的 DIM-100 样式，颜色随层。

机电管道留洞代号及尺寸参数见表 4-4。

机电管道留洞代号及尺寸参数表（单位 mm） 表 4-4

机电留洞代号		各专业颜色索引		刚性密闭套管尺寸表			
名称	代号	名称	颜色	备注：$D1$—钢管外径 $D3$—套管外径 d—套管壁厚			
动力系统	WS	电气	1	DN	$D1$	$D3$	d
空调风系统	MD	剖面线	2	50	60	114	3.50
空调水系统	MP	风管	3	65	75.5	121	3.75
给排水系统	PD	给排水	4	80	89	140	4.00
消防系统	FS	消防	5	100	108	159	4.50
气体灭火系统	GS	弱电	6	125	133	180	6.00
信息设备线槽	信息	高压桥架	11	150	159	219	6.00
安防线槽	安防	人防给排水	41	200	219	273	8.00
消防线槽	消防	气体灭火	56				
广播线槽	广播	空调水管	120	备注：$D1$—钢管外径 $D2$—套管外径 d—套管壁厚			
楼控线槽	楼控	动力	143	DN	$D1$	$D2$	d
工艺线槽	工艺			50	60	95	4.00
电气线槽	电气			65	76	114	4.00
人防电气线槽	人防电气			80	89	127	4.00
				100	108	146	4.50
				125	133	180	6.00
				150	159	203	6.00
				200	219	265	6.00

给排水管道留洞尺寸（非保温管）		地漏留洞尺寸表			动力保温管留洞尺寸表		
公称直径	留洞尺寸	公称直径	外形	留洞尺寸	公称直径	外径×壁厚	留洞尺寸
$DN50$	$\phi150$	$DN50$	$\phi130$	$\phi250$	$DN15$	$\phi18\times3.0$	$\phi200$
$DN70$	$\phi150$	$DN80$	$\phi180$	$\phi250$	$DN20$	$\phi25\times3.0$	$\phi200$
$DN80$	$\phi200$	$DN100$	$\phi220$	$\phi300$	$DN25$	$\phi32\times3.5$	$\phi200$
$DN100$	$\phi200$	$DN150$	$\phi250$	$\phi300$	$DN32$	$\phi38\times3.5$	$\phi200$
$DN125$	$\phi250$				$DN40$	$\phi45\times3.5$	$\phi200$
$DN150$	$\phi250$				$DN50$	$\phi57\times3.5$	$\phi200$
$DN200$	$\phi350$				$DN70$	$\phi76\times4.0$	$\phi200$
$DN250$	$\phi350$				$DN80$	$\phi89\times4.0$	$\phi300$
$DN300$	$\phi450$				$DN100$	$\phi108\times4.0$	$\phi300$
$DN350$	$\phi500$				$DN125$	$\phi133\times4.5$	$\phi300$
$DN400$	$\phi600$				$DN150$	$\phi159\times4.5$	$\phi300$
$DN450$	$\phi600$				$DN200$	$\phi219\times6.0$	$\phi300$
					$DN250$	$\phi273\times8.0$	$\phi300$

三、机电深化设计制图方法

1. 专业图层处理目的

采用图层的目的是用于组织、管理和交换 CAD 图形的实体数据以及控制实体的屏幕显示和打印输出。图层具有颜色、线形、状态等属性。

在使用 CAD 技术绘图时，尽量用色彩（COLOR）控制绘图笔的宽度，尽量少用多段线（PLINE）等有宽度的线，以加快图形的显示，缩小图形文件。

2. 对电子版 CAD 施工图纸的前期技术处理

（1）保证电子版图纸的准确性

在进行图纸处理之前，要将电子版图纸和设计院盖章的施工蓝图进行核对，确定电子版图纸和施工蓝图能对应得上。保证电子版图纸版本准确，避免过程中发现图纸错误而出现返工，做无用功。

（2）确定专业图纸的独立性

一个 DWG 文件里面只允许有一张图纸，即每一个专业每一个楼层只对应一张图纸。必须按楼层的划分来逐一摘录出各个专业的图纸，以减小每张图纸占用的磁盘空间，提高 CAD 软件的运行速度，避免因为图纸占用磁盘空间过大而导致 CAD 出现致命错误而崩溃死机的现象。

（3）确定机电专业图纸的专一性

楼层和专业图纸要一一对应，避免结构、建筑和机电设备专业之间出现错位现象。

（4）确认图纸的坐标系

摘录图纸时要确认设计院提供的图纸是用户坐标系还是世界坐标系，如果是既有用户坐标系，又有世界坐标系，就需要将用户坐标系转换成世界坐标系，避免在运用外部参照时出现角度偏差而无法与其他图纸准确对齐。

（5）正确选择图纸模板

新建图纸时要注意图纸模板的选择，不同模板默认的单位是不一样的。在中国就要选择"acadiso"模板作为新图纸，或者使用 CAD 启动时的那个空白图纸作为新图纸，这两个模板的单位都是用国际公制单位（毫米）作为单位的，其他的模板是以英寸为单位的。

（6）显示完整的图层

复制前要确认文件中的内容都是你所需要的。打开图层管理器，将已关闭的、隐藏的图层都显示出来，再删除自己不需要的内容，并用图层清理工具清理掉所有不需要的图层，通常这样可以去掉图纸70％左右占用的磁盘空间。粘贴到新图纸中的内容还要再次进行清理，这样就会大大地减少文件占用的磁盘空间，大幅度提高 CAD 的运行速度。

（7）选择正确的建筑底图

对机电专业管线综合平衡技术的运用而言，专业图纸中的建筑底图是不准确的，只是一个平面参考而已，真正准确的是建筑专业图纸。在运用外部参照附着专业图纸时，建筑底图和建筑专业图是重叠的，对管线综合毫无用处，反而影响 CAD 的运行速度。为了提高软件的运行速度，就需要对机电专业的建筑底图进行清理，定位好基准点后，删除全部建筑底图，只留下机电管线和必要的标注，有些无关紧要的末端支线也可以删除，但是要留下断开符号，这样才能得到最清晰明了的机电管线图。

（8）统一图纸基准点和坐标原点

如果不把基准点和坐标原点进行定位，每附着一张图纸就需要进行一次基准点对齐。设计师在绘图纸时，并不是所有人都在坐标原点附近绘图，在附着了外部参照图纸以后，会出现附着的图纸不在视野范围内的状况，需要不停地放缩和移动视野才能在某一个遥远的角落发现它，花费很多的时间去拖移定位。当参照达到 5 张以上的图纸时，基准点对齐定位就是一个很麻烦的事了，很容易造成已定位图纸的移位，最后需要反复的进行调整才可以完全对齐。

将清理完成的图纸进行坐标原点定位，选择每张图纸都有的而且可以很容易确定的轴线的交点作为基准点，一般选择图纸左下角的轴线交点为坐标原点。利用 CAD 的移动命令将定位基准点移动到坐标原点，这样在利用外部参照对处理过的任何图纸进行附着时，都不需要再对附着的图纸进行基准点对齐了，选择坐标原点为插入点，软件将自动对每张图纸的坐标原点进行定位，不会有任何偏差和移位。

（9）调整图纸标注

附着外部参照、加载全部图纸以后，整个图面密密麻麻的，全是标注和线条，而且 80％左右的标注都是重叠的，根本分不清哪个标注是哪个专业的。这就需要进行标注的调整，但是其调整也不是随心所欲、毫无规则地进行调整，需要以建筑专业图纸为底图，利用在位编辑外部参照命令，按顺序逐一调整每张专业图纸，直到最后即使所有的图纸附着在一起，也能看清楚每张图纸中的每个标注，没有任何的标注重叠。

（10）运用 CAD 外部参照命令对图纸进行加载

前期对 CAD 图纸处理好后，即可运用 CAD 软件的外部参照命令，以建筑专业图纸为底图，加载机电各专业图纸。在建筑平面图上能看到与机电管线综合有关的所有专业平面图。

（11）运用 CAD 在位编辑外部参照功能

根据机电管线综合平衡技术，在各专业图纸都能显示的条件下，利用在位编辑外部参照命令，对有不符合施工要求的管线进行调整，直到满足施工要求。

3. 把 CAD 图转化为 BIM 图

CAD 图纸齐全之后，应及时转化为 BIM 图，用该类图纸进行指导施工并验收。

第二节　深化图纸送审流程

一、会审目的

保证图纸会审的工作质量，在会审中最大程度上提前发现和解决图纸中存在的问题，减少或杜绝漏查项目，以减少施工中因设计图纸不足而造成的施工障碍。

二、深化设计图纸送审流程

深化设计图纸送审流程见图 4-2。

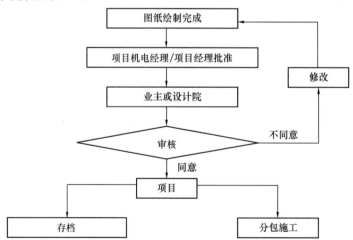

图 4-2　深化设计图纸送审流程图

三、各专业图纸会审中要注意的要点

（1）图纸是否满足施工单位的技术和机械装备能力、施工现场的条件。

（2）图纸各部分尺寸、标高是否统一、准确；技术说明书和图纸是否一致；设计深度是否满足施工要求。

（3）各专业图纸间是否有矛盾。

（4）查清机电设备材料、构件的数量及订货、进货条件。

（5）管道走向是否合理；是否与其他专业管道之间存在交叉冲突之处；与其他地上地下的建筑物、构筑物交叉是否有矛盾。

（6）大型设备的吊装能否满足安全施工的要求。

（7）设计图纸上的各种技术指标（如压力数值、照度数值、防火封堵材料的耐火时间等技术指标）是否齐全并符合标准的规定。

四、问题询问

对于在深化设计的过程中所遇到的需要业主或设计方澄清的技术问题，一般可通过设计例会或通过图纸疑问问讯单的方式来询问（表4-5），业主或设计方的回复应尽量留下书面记录。如果业主或设计师的意见将造成费用的增加，项目上应及时将变更的具体数额上报业主，以便其做出最终决定。对于图纸疑问问讯单的提交程序可按照信函的方式处理，但必须经过项目机电经理的汇签；对于设计例会的会议纪要，除了问题的内容需描述清楚以外，还应注明问题的解决时间，以及是否涉及费用增减。

图纸疑问问询单

表 4-5

致：		项目名称：		
标题：			编号：	
参考规范：		参考图纸：		
问题：				
回复（可附页）：				
自： 签名：			日期：	
抄送：				
单位名称：	部门	编制	审核	备注：
签名： 日期：				

五、深化图纸送审

1. 深化设计综合图

（1）按工程进度呈交承包合同范围有关系统的深化设计施工图。有关图纸内容包括平面、立面和剖面图及系统图、原理图。送审图纸应向设计院和业主及当地相关政府部门分别送审（表4-6）。

致：	收件人	
	最迟返回日期	
自：	提交人	
	提交日期	

新提交 □　　　　　　重新提交 □

图纸内容：

我们请贵方对以下技术文件进行审批：

序号	图号	图名	版本	认可级别			
				A	B	C	D
1			A 版				
2			A 版				
3			A 版				
4			A 版				
5			A 版				
6			A 版				
7			A 版				
8			A 版				
9			A 版				
10			A 版				
11			A 版				
12			A 版				
13			A 版				
14			A 版				
15			A 版				
16			A 版				

审批意见：

审批人签名：　　　　　　　　　　　　　　　　日期：　　年　　月　　日

（2）有关图纸经各审批单位初步批阅后，应综合有关意见加以修改，然后再安排送审，直至图纸获得批准为止。图纸获批后，将分送业主、设计单位、工地等单位作为施工记录和验收之用。同时，需将电脑软件档案储放在光碟（CD ROM）上送交各单位。

（3）施工图经批核后，向负责绘制综合设施施工图的承包单位送上图纸及光碟各一份，以作为绘制综合设施施工图之用。

（4）所有图纸均需有正式的图签并应标明本项目、本工程合同及有关图纸的名称、图号、最新修改号及修改内容、日期和图示比例。于呈交系统示意图的同时，亦应提供必要的辅助资料，以描述各设备的功能和操作。有关图纸审批的精神：图纸送审一般只作原则性批核，须持有关图纸所示系统经过正式检测合格后，才作最后进行批核。

2. 送审图基本要求

（1）图框：注明所参考的相关图纸的图号、图名、版号及出图日期、图纸项目名称、专业名称、系统名称、图纸序列号。

（2）图纸版号：升级顺序为 A、B、C、D。

（3）图纸所使用的图纸型号和比例见表 4-7。

选用图纸型号和比例表 表 4-7

图纸	图纸型号	比例
综合平面图	A0	1：100；1：150；1：200
综合剖面图	A1	1：50
机房大样图	A1	1：50
机电各专业平面及剖面	A0	1：150～1：100
系统流程及示意图	A1	无
装置大样图	A2	1：10～1：50

（4）每一项设计或图纸送审时，内容应包括：图号和最新修正的编号、图纸名称、送审日期。

（5）留给设计院、工程师及其他审批单位足够时间以审查图纸，以确保图纸能够配合工程进度准时呈交，一般所需的审批时间如下（表 4-8）：

图纸审查审批时间表 表 4-8

初次呈交予建筑师或其他审批单位审图	1 周
再呈交重审	3 天
呈交予作正式批准	3 天

第三节　基于 BIM 的机电深化设计

一、BIM 的概念及意义

1. BIM 的概念

2002 年，BIM 作为最早一个工程建设行业的专业术语被提及。十余年来，BIM 技术不断发展更新，并受到全世界建筑行业广泛的关注和认同。

BIM 的问世，被建筑行业称为继 CAD（Computer Aided Design，即计算机辅助设计）之后的"二次革命"，将传统的二维设计引向三维方向发展。这种引导不仅改变了设计成果的表现形式，而且促成了建筑产品整体工作流程和管理模式向协同合作方向发展的巨大转变。

（1）模型角度

BIM 是通过数字信息技术仿真模拟建筑物所具有的真实信息，在这里信息不仅是三维几何形状信息，还包含大量的非几何形状信息，如建筑构件的材料、重量、价格和进度等等。BIM 以三维数字技术为基础，集成了建筑工程项目各种相关信息的工程数据模型，是对该工程项目相关信息的详尽表达。

（2）过程角度

BIM 是一个综合工程项目全部参与方所涉及和运用的建筑信息来指导决策工程活动的过程。具体来说，BIM 是在建筑工程的全生命周期中，通过管理与共享可视化建筑信息模型，实现各工程活动参与方之间协同合作的操作模式。

2. BIM 的意义

BIM，作为一种全新的工程设计理念，其实质是通过将建筑、结构、水、电、风等各专业设计，无缝整合进同一个 BIM 空间中，进而完成一次实际施工前的完美预演，并在修正了施工预演中的各项缺失后，再转化为对实际施工的现实指导。

（1）设计方案的合理优化

目前常见的设计方法是用多个角度的二维平面来表示一个三维的实体，且一些图纸部分采用电脑无法自动识别的文字、圆弧、直线、图块等形式储存，这便导致图纸过于冗余、容易出错、各专业之间不方便协调等诸多问题。随着工程项目建设要求的日益提高，建筑物设备安装的结构变得越来越复杂，想要直接通过不同专业提供的二维图纸做到清楚地了解建筑设备整体的各个细节就变得很难做到，工程参与人员的交流也会比较困难。

而 BIM 将整个设计整合到一个共享的建筑模型空间中，结构与设备、设备与管线间的空间关系将一目了然地显现出来，工程师们甚至可以以超越实际现场查看的方式，在高仿真的三维模型中用任意视角查看、巡游，模拟并尝试现实中的各种方案，准确地寻找到最佳的高程控制、空间共享及最合理的动线安排，并最终整合成一个最优化的综合设计方案。

（2）冲突与碰撞的解决

在各专业承包单位各自为政的实际施工过程中，对其他专业或者工种、工序间的不了解、甚至是漠视，所产生冲突与碰撞比比皆是，主要体现在：

MEP 和结构：比如结构梁、墙的后期打洞或开孔；

MEP 和建筑：比如管线穿越防火卷帘、机房布置空间的合理优化等；

MEP 各专业自身：比如不同 MEP 管线对同一空间的共同穿越。

施工过程中的解决方案，往往受限于现场已完成部分的局限，大多最终是以不得不牺牲某部分利益、效能的方式，被动地变更。

BIM，因为是在精确仿真的建筑三维空间内，依照实际尺寸依次布置各类 MEP 管线，依靠其特有的直观性及精确性，于设计建模阶段就可一目了然地发现各种冲突与碰撞，并实时解决。

同时在几个实践项目的施工指导过程中，通过向所有施工单位分发综合模型图的方式，及时提示各施工单位的工作在该建筑综合体中的位置及相邻关系，极大地警示了施工中的随意变动可能对其他工程所造成的影响，因此其现场施工返工率几近降低为零。

BIM 通过参数化实体造型技术来模拟真实建筑所具有的信息，突破了一直以来用抽象的视觉符号来表达设计的固有模式。BIM 建筑信息模型的发展，不仅仅是现有技术的进步和更新换代，它也将间接表现在生产组织模式和管理方式的转型上，它对于工程建设从设计、建造、施工，到销售、物业管理等各个环节，甚至对于整个建筑行业，都必将产生深远的影响。

3. 机电深化设计中 BIM 的应用

传统的设计模式中，不同专业的工作进度存在明显的先后关系。受二维图纸表达空间构造的局限性，结构、设备、水暖电往往需要等待建筑设计基本完成后，才可以向主体模型中添加各自专业的特有信息。当各专业的模型终于按照建筑的主体要求得以实现之后，如果这时建筑方案再发生任何变动，与之相关的其他专业便要再次等待改版后的建筑模型完成，才能开始更新自己的模型。每个设计专业都有自己的一套建筑模型，专业之间的沟通协作都是建立在点对点的模型传递之上。显然，这样的工作流程费事费力。

BIM 技术的应用，使各设计专业围绕着同一建筑模型工作。因为三维模型能够清晰直观地表达建筑细节，所以包括建筑在内的所有设计专业，都可以在建筑设计的最开始即方案设计阶段就参与进来。这样一来，既能整合各方有利资源而缩短设计工作总时长，又能避免后期各专业方案间大量的碰撞和摩擦。此外，由于 BIM 模型具有全专业的信息，所以如果某一专业的设计思路发生变化，其他专业可以及时在 BIM 模型上发现改变的细节，并且同时开始修改各自对应的信息。

通过在项目上使用 BIM 技术和管理手段，将大大提高和深化设计图纸的质量，减少图纸中错、漏、碰、缺的发生，使设计图纸切实符合施工现场操作的要求，并能更进一步辅助工程施工管理。同时，通过 BIM 技术的应用，建立完整的工程模型和数据库，为今后的建筑运营维护提供数字化基础。

按要求所列内容必须建立 BIM 模型，并利用 BIM 模型进行所要求的相关工作。主要包括：主体钢结构、幕墙、机电等。工程最终将交付一个完整的 BIM 模型，该模型将与工程实体一致，包括构件的几何外观、设备的相应参数等。该 BIM 模型将用于后期建筑的运营维护。

二、基于 BIM 机电深化设计的组织架构及分工职责

1. 组织架构（图 4-3）

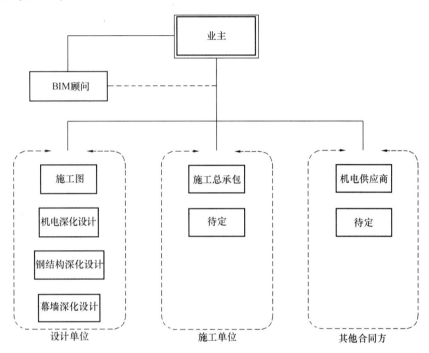

图 4-3 某项目 BIM 组织架构图

2. 分工职责

（1）业主

业主作为本项目的最终决策者，应尽力推动在本项目中运用 BIM 技术和管理手段，提高工程管理水平和技术水准，以更好地完成项目，并为今后的运营打下良好的基础。

业主授权 BIM 团队，作为本项目的 BIM 咨询顾问，负责项目 BIM 工作的整体规划、监督、指导和实施管理。

（2）BIM 咨询顾问

BIM 咨询顾问经业主授权，作为本项目 BIM 实施的管理者，同时也是 BIM 技术标准和实施规则的制订者，负责项目 BIM 工作的整体规划、监督、指导和实施管理。

（3）承包商

参与本工程的承包商，凡与业主签订合同的（含三方合同），并有 BIM 工作内容者，均需将自身所承担的工程内容建立模型，并将施工过程中自身建立的模型更新直至竣工模型。模型的标准和使用，按照 BIM 咨询顾问的要求执行。

如果业主（BIM 咨询顾问）提供的 BIM 基础模型未包含演示需用信息，总承包应自行建模补充，或另外委托 BIM 单位实施。

总承包商应组织协调全体相关参建单位参与使用 BIM 进行综合技术和工艺协调。

总承包商完成的 BIM 成果及模型应提交给 BIM 咨询顾问和业主，且项目各方均可免费使用。

（4）工程监理

工程监理应充分应用 BIM 手段，完成自身所承担的工程监理任务。同时，在竣工模型的查验交付中，工程监理负责检验竣工模型与竣工资料，以及与现场实物的一致性。

（5）设计顾问

设计顾问单位应及时向 BIM 顾问团队提供准确的图纸信息，对施工图及各级承包商和专项设计单位提交的深化设计、设计变更等进行相应的审核，并根据业主和 BIM 顾问的修改建议及时更新图纸。

三、机电深化设计中遵循的 BIM 技术标准

1. BIM 模型规划标准

（1）单位和坐标

项目单位为毫米；

使用相对标高，±0.000 即为坐标原点 Z 轴坐标点；

为所有 BIM 数据定义通用坐标系，正确建立"正北"和"项目北"之间的关系。

（2）模型依据

——以提供图纸为数据来源进行建模：

图纸等设计文件、总进度计划、当地规范和标准、其他特定要求。

——根据设计变更为数据来源进行模型更新：

设计变更单、变更图纸等变更文件；

当地规范和标准；

其他特定要求。

（3）模型拆分标准和原则

建筑专业：按建筑分区、按楼号、按施工缝、按单个楼层或一组楼层、按建筑构件（如外墙、屋顶、楼梯、楼板）进行拆分。

结构专业：按分区、按楼号、按施工缝、按单个楼层或一组楼层、按建筑构件（如外墙、屋顶、楼梯、楼板）进行拆分。

暖通专业、电气专业、给排水专业及其他设备专业：按分区、按楼号、按施工缝、按单个楼层或一组楼层、按系统和子系统进行拆分。

（4）模型色彩标准（表 4-9）

模型色彩标准表　　　　　　　　　　　　表 4-9

管道名称	R，G，B	管道名称	R，G，B	管道名称	R，G，B
冷、热水供水管	255，153，0	消火栓管	255，0，0	强电桥架	255，0，255
冷、热水回水管	255，153，0	自动喷水灭火系统	0，153，255	弱电桥架	0，255，255
冷冻水供水管	0，255，255	生活给水管	0，255，0	消防桥架	255，0，0
冷冻水回水管	0，255，255	热水给水管	128，0，0	厨房排油烟	153，51，51
冷却水供水管	102，153，255	污水-重力	153，153，0	排烟	128，128，0
冷却水回水管	102，153，255	污水-压力	0，128，128	排风	255，153，0
热水供水管	255，0，255	重力-废水	153，51，51	新风	0，255，0
热水回水管	255，0，255	压力-废水	102，153，255	正压送风	0，0，255
冷凝水管	0，0，255	雨水管	255，255，0	空调回风	255，153，255
冷媒管	102，0，255	通气管	51，0，51	空调送风	102，153，255
空调补水管	0，153，50	窗玻璃冷却水幕	255，124，128	送风/补风	0，153，255
膨胀水管	51，153，153	柴油机供油管	255，0，255，		
软化水管	0，128，128	柴油机回油管	102，0，255		

色彩参照（由于颜色显示在各种环境下有较大差异，此色彩仅做参考，执行应按上述 RGB 数值标准执行）

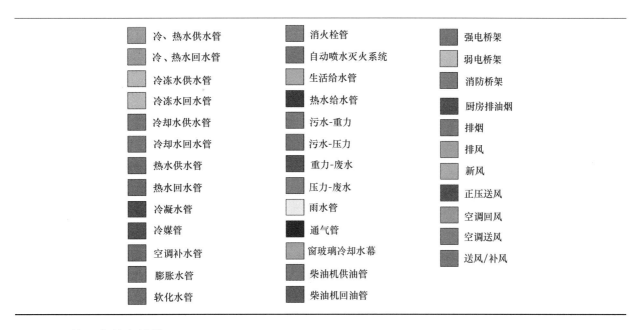

（5）核心文件夹结构

标准模板、图框、族和项目导则等通用数据保存在中央服务器中，并实施严格的访问权限管理。

（6）文件命名标准

所有模型文件的命名均依照下列标准：

项目编号 _ 项目简称 _ 设计（施工）阶段 _ 专业 _ 区块/系统 _ 楼层 _ 日期．后缀；

例：PA005188 _ 芍药居 _ DD _ M _ HEAT _ B1 _ 2011.6.13．rvt；

括号内可根据模型的级别、叠加程度等为可选项；

项目编号应为可选项，且与设计序列无关。

（7）BIM 建模管控要点

在满足标准要求和模型规划要求的前提下，建模过程中应着重注意以下几点：

——建筑专业建模：要求楼梯间、电梯间、管井、楼梯、配电间、空调机房、泵房、换热站管廊尺寸、天花板高度等定位要准确。

——结构专业建模：要求梁、板、柱的截面尺寸与定位尺寸要与图纸一致；管廊内梁底标高需要与设计要求一致，如遇到管线穿梁需要设计方给出详细的配筋图，BIM 做出管线穿梁的节点。

——水专业建模要求：各系统的命名要与图纸保持一致；一些需要增加坡度的水管应按图纸要求建出坡度；系统中的各类阀门需要按图纸中的位置加入；有保温层的管线，应建出保温层。

——暖通专业建模要求：要求各系统的命名与图纸一致；影响管线综合的一些设备、末端应按图纸要求建出，例如：风机盘管、风口等；暖通水系统建模要求同水专业建模要求一致；有保温层的管线，应建出保温层。

——电气专业：要求各系统名称与图纸一致。

（8）管线综合管控要点

管线综合应在施工图阶段和施工专业深化阶段各完成一次。

施工图阶段管线综合过程中，设计单位、BIM 咨询单位应密切协作，以共同使用 BIM 模型的工作方式进行。设计单位应根据最终 BIM 模型所反映的三维情况，调整二维图纸。

在施工专业深化阶段，BIM 管线综合应在设计阶段成果的基础上进行，并加入相关专业深化的管线模型，对有矛盾的部位进行优化和调整。专业深化设计单位应根据最终深化 BIM 模型所反映的三维情况，调整二维图纸。

管线综合过程中，如发现某一系统普遍存在影响合理进行管线综合的现象，应提交设计单位做全系统设计复查。

2. BIM 软件标准

（1）建模软件

建模软件使用 Autodesk Revit 或 Magicad For Revit 系列软件。

（2）模型整合软件

BIM 模型整合软件选用 Autodesk 公司的 NavisWorks 软件。

（3）其他 BIM 软件要求

各专业参建单位如采用其他软件建模的，在提交模型时，必须将其他软件构建的模型转换格式以 ＊.rvt 格式提交，补充构件信息至完整，并保证该模型能够被 revit 系列及 NavisWorks 软件正确读取。

（4）软件版本

以上软件均为 Autodesk（欧特克）公司产品，该公司原则上每年升级一次新版本。在实际使用时，应统一版本，升级时应统一升级，并应向厂商咨询升级后的新旧兼容问题。

3. BIM 工作交付标准

（1）深化设计及施工过程模型交付标准

——BIM 模型

BIM 模型的单位和坐标符合相关的要求；BIM 模型应专业完整，拆分符合模型拆分标准的要求；模型系统完善，模型色彩符合模型色彩标准要求，图形显示效果保持与实体楼宇一致。

BIM 模型文件交付的格式应为 RVT。

——BIM 模型信息

BIM 模型信息包括几何信息、技术信息、产品信息、建造信息、维保信息。

BIM 模型信息格式及体现方式，见表 4-10。

BIM 模型信息格式及体现表　　　　　　　　　　　　　　　　　表 4-10

信息类型	信息内容	信息格式	信息体现
几何信息	实体尺寸	数值	模型
	形状	数值	模型
	位置	数值	模型
	颜色	数值	模型
	二维表达	文本	模型/图纸
技术信息	材料	文本	模型
	材质	文本	模型
	技术参数	文本	模型
产品信息	供应商	文本	模型
	产品合格证	文本	图片
	生产厂家	文本	模型
	生产日期	时间	模型
	价格	数值	模型
建造信息	建造日期	时间	模型
	操作单位	文本	模型
	使用年限	数值	模型

信息类型	信息内容	信息格式	信息体现
维保信息	保修年限	数值	模型
	维保频率	文本	模型
	维保单位	文本	模型

BIM 工作模型信息的实现形式包括文字表达、图表展现、网页数据及必要的信息数据库。

交付的 BIM 工作模型应符合模型专业构件及信息精度要求。

（2）BIM 工作说明书

BIM 工作说明书是帮助业主充分利用交付的 BIM 工作模型而编制的图文资料。

说明书包含以下内容：BIM 工作系统简介、BIM 工作模型交付标准、信息精度交付标准、模型交付格式、数据库类型、模型查阅与修改方法等。

总承包单位为楼宇物业管理方提供基本的培训课程，使其掌握从模型中提取图形数据的能力。

（3）BIM 工作族库

模型族库文件依据要求进行建立，族文件交付的格式为 RTE。

四、深化设计过程中的质量控制方法

1. BIM 质量控制负责人

项目应成立 BIM 工作小组，由业主指派专人作为组长，BIM 顾问指派专人作为副组长，设计、总包、监理各指派一人作为组员。BIM 工作小组的组长是整个项目的 BIM 质量总负责人，负责组织对 BIM 模型和 BIM 应用的例行检查和成果检查。

2. 过程检查的质量控制（表 4-11）

BIM 过程检查质量控制表　　　　　　表 4-11

阶段	检查内容	检查单位	检查要点	参与单位	检查要点	检查频率
设计阶段	基础模型	BIM 顾问	模型与图纸的一致性	BIM 咨询		每半个月
施工阶段	基础模型更新	BIM 顾问	是否按照进度进行模型更新	BIM 咨询	模型是否符合要求	每月
施工阶段	专业深化设计复核	BIM 顾问	深化设计模型是否符合要求			每月
施工阶段	设计变更	BIM 顾问、设计院	设计变更是否得到确认	BIM 咨询	模型是否符合要求	每月
施工阶段	变更工程量计量	BIM 顾问	变更工程量是否正确	BIM 咨询	模型是否符合要求	每月

3. 成果验收的质量控制（表 4-12）

BIM 成果验收质量控制表　　　　　　表 4-12

阶段	检查内容	检查单位	检查要点	参与单位	检查要点	验收时间
设计阶段	基础模型	BIM 顾问	模型与图纸的一致性	业主	接受成果	施工图设计完成
施工阶段	竣工模型	BIM 顾问、业主	模型是否与实体保持一致	监理	模型是否与实体保持一致	竣工验收

质量检查的结果将以书面记录的方式反馈给参与方，并同时抄送给业主。

不合格的模型和应用，将被拒绝接收，并明确不合格的具体情况、整改意见和时间。合格的模型和应用，将被批准，由业主或在业主授权下由 BIM 工作小组组长接收，同时将以书面记录的方式反馈给参与方。

五、基于 BIM 的机电深化设计方法

1. BIM 模型的建立

BIM 咨询顾问负责提供工程基础模型。

基础模型所包括的内容以最终确认版施工图为准，具体版本号由业主另行澄清。凡施工图中体现的，均进入模型中。

基础模型的精度和信息要求，应依据技术标准章节的要求。

基础模型的更新，应依据设计签认的设计变更类文件和图纸，随时跟踪进行更新。

某项目 BIM 建模流程图如下（图 4-4）：

2. 基于 BIM 模型的设计方案的碰撞检查

（1）碰撞类型

硬碰撞（图 4-5）：实体在空间上存在交集。这种碰撞类型在设计阶段极为常见，特别是在各专业间没有统一标高的情况下，发生在结构梁、空调管道和给排水管道三者之间。

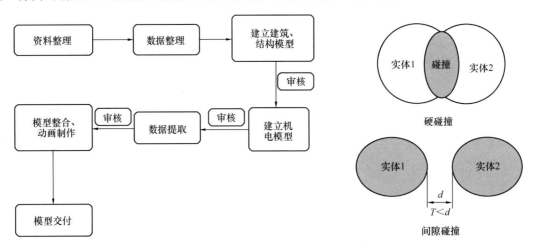

图 4-4　某项目 BIM 建模流程图　　　　图 4-5　硬碰撞和间隙碰撞示意图

间隙碰撞（图 4-5）：实体 1 与实体 2 在空间上并不存在交集，但当两者之间的距离 d 比设定的公差 T 小时即被认定为碰撞。该类型碰撞检测主要出于安全考虑。

（2）碰撞检查

1）单专业碰撞检查

单专业综合碰撞检查相对简单，只在单一专业内查找碰撞，设计者将某一专业模型导入 BIM 软件，直接进行分析即可。

2）多专业的综合碰撞检查

多专业综合碰撞包括暖通、给排水、电气设备管道之间，以及与结构、建筑之间的碰撞，为实现准确、快速的分析应注意以下两点。首先，一栋建筑物内部的管道实体数量庞大，排布错综复杂，如果一次全部进行碰撞检测，计算机运行速度和显示都非常慢，为达到较高的显示速度和清晰度的目的，在完成功能的前提下，应尽量减少显示实体的数量，一般以楼层为单位。另一方面，考虑到专业画图习惯，还要同时检查相邻楼层之间的管道设备，例如空调设备管道通常在本层表示，而给排水专业在本层表示的许多排水管道其物理位置是在下一层。多专业碰撞示意图见图 4-6。

（3）碰撞分析报告

图 4-6　多专业碰撞示意图

碰撞检测的目的是寻找碰撞点，根据碰撞信息修改设计。计算机可以将所有符合碰撞条件的碰撞点查找出来，生成碰撞点列表。每条碰撞点信息包括碰撞类型、碰撞深度，双击碰撞点链接可以查看碰撞的具体三维情况。通过查看报告，设计人员可以轻松快捷地找出设计中的疏漏，及时调整方案。需要注意的是，在检查碰撞时计算机有时会把设备之间的连接误判为碰撞。由于计算机本身还无法判断碰撞的真假，设计者需要人为去判断。但相比传统方法，这项工作更加高效轻松。

（4）基于 BIM 管线的协调方案

基于 BIM 的管线碰撞检测实现方案，首先分别构建建筑、结构、暖通、给排水和电气专业的信息化模型，然后将各专业模型整合到一起构成完整的建筑模型，再将整体模型导入计算机分析工具中，检测碰撞冲突的类型及位置并生成报告，由于碰撞检测过程中可能有误判的可能，所以需要人为对报告进行审核，进而得出修改意见。

基于 BIM 技术的设备管线协调方案，可以有效地提高建筑不同专业间的协作水平，减少设计过程中的失误。与传统方法相比大大提高了工作效率，但仍旧存在很重要的一项工作需要人工参与，即核对碰撞报告。解决此问题需要进一步研究如何细化建筑中的碰撞类型，增加碰撞的判断条件，提高计算机处理问题的智能水平。

3. 设计方案的优化——管线综合

（1）总原则

大管优先，小管让大管。

有压管让无压管。

低压管避让高压管。

常温管让高温、低温管。

可弯管线让不可弯管线，分支管线让主干管线。

附件少的管线避让附件多的管线，安装、维修空间≥500mm。

电气管线避热避水，热水管线、蒸气管线上方及水管的垂直下方不宜布置电气线路。

当各专业管道不存在大面积重叠时（如汽车库等），水管和桥架布置在上层，风管布置在下层；如果同时有重力水管道，则风管布置在最上层，水管和桥架布置在下层。当各专业管道存在大面积重叠时（如走道、核心筒等），由上到下各专业管线布置顺序为：不需要开设风口的通风管道、需要开设风口的通风管道、桥架、水管。

（2）BIM 管线综合前对建模的要求

建筑专业建模：要求楼梯间、电梯间、管井、楼梯、配电间、空调机房、泵房、换热站管廊尺寸、天花板高度等定位应准确。

结构专业建模：要求梁、板、柱的截面尺寸与定位尺寸与图纸一致；走廊内梁底标高需要与设计要求一致，如遇到管线穿梁需要设计方给出详细的配筋图，BIM 做出管线穿梁的节点。

水专业建模要求：各系统的命名要与图纸保持一致；一些需要增加坡度的水管须按图纸要求建出坡度；系统中的各类阀门应按图纸中的位置加入；有保温层的管线，应建出保温层。

暖通专业建模要求：要求各系统的命名与图纸一致；影响管线综合的一些设备、末端要按图纸要求建出，例如：风机盘管、风口等；暖通水系统建模要求同水专业建模要求一致；有保温层的管线，应建出保温层。

电气专业：要求各系统名称与图纸一致。

（3）BIM管线综合过程中的注意事项

明确吊顶空间内各位置梁底标高及其吊顶高度。

检查各专业是否有缺少模型的情况，了解各管廊复杂位置。

按设计要求定出风管底标高、水管中心标高。

按各专业要求分出各自在吊顶空间内的位置。一般施工情况从上至下为暖通专业、电气专业、水专业。

模型中图纸的路由需要发生改变，请与设计方协调。暖通风专业遇到空间特别紧凑的管廊，但又要保证吊顶高度的情况，需要改变截面尺寸时，应与设计师方面协调。

六、基于 BIM 的机电深化设计应用案例

1. 项目概况

该项目是集购物商场、国际甲级办公楼及休闲式商务酒店于一身的大型综合商业公共建筑。项目由两座高层主楼与裙房组成，包括一栋办公楼（24 层）、一栋酒店（25 层）、商场裙楼（地上 3 层、地下 1 层）、地下汽车库及设备用房等。工程总建筑面积 306462 平方米，其中地上建筑面积 158898 平方米，地下建筑面积 147564 平方米。

项目 BIM 建筑模型见图 4-7。

2. 项目应用 BIM 的深化设计过程

（1）BIM 模型的建立

BIM 模型的建立采用"描二成三"的方法，即 BIM 建模员根据甲方提供的二维图纸，使用软件搭建三维模型，包括建筑、结构、水暖、电气的部分。图 4-8 为项目地下一层土建及管线运用 BIM 技术进行管线综合的模型局部。

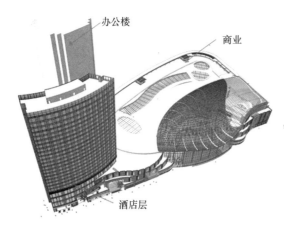

图 4-7 项目 BIM 建筑模型示意图

图 4-8 地下一层土建及管线 BIM 模型局部

（2）基于 BIM 模型的碰撞检测

碰撞检测主要包含三方面的内容：

一是土建模型内部的不合理碰撞，即建筑和结构之间的不合理布局。例如根据二维施工图纸的设计，生成三维模型，可以看出某梁的标高过低，与门接近，无法为过道留出足够的净高。

二是管线与土建模型的碰撞检测。这种碰撞一般是必须调整的，主要调整对象为管线的位置，如果建筑或者结构十分不合理，也可以调整建筑或者结构。

三是管线之间，即电气、水、暖通设备管线之间的碰撞检测。在传统二维设计中，管线的设计属于粗放型的，设计师为施工人员提供的图纸都是系统图，也就是示意图，在某些局部复杂且管线较多的地方，施工人员无法根据示意图完成安装，或者做了不合理的安装工作，最后对施工质量大打折扣。而采用 MagiCAD 进行三维管线综合设计则是精细化设计，它不但能满足工程严苛的净高要求，还能提高整体管线排布的美观度。因此，利用 MagiCAD 软件自身的功能，对管线模型进行自动检测，再由具有施工经验的工程师对检测出的碰撞挑选出有必要调整的部分，形成书面报告。图 4-9 和图 4-10 分别为项目某局部机电综合管线二维图和 BIM 三维管线综合排布图。

图 4-9　机电各专业管线综合二维图

图 4-10　BIM 三维管线综合排布图（碰撞检测调整）

（3）优化设计——管线综合

管线综合优化设计是根据管线碰撞检测报告，对出现问题的地方进行调整，目的是为满足建筑体功能留出足够的净高和空间。三维的 BIM 模型具有精确调整管线标高及位置的功能，利用其对需要调整的地方进行精确调整，对施工人员会起到很大的帮助。

例如地库机电管线标高，该项目 B2、B3 为地下车库及设备机房，按照国家相关规范规定及业主方运营管理单位的要求，地下车库小型车停车区域不小于 2.2m 净高、车道区域不小于 2.4m 净高要求。在此区域进行机电深化设计时，应考虑此要求进行机电管线优化排布，并在管线密集区域绘制管线剖面图。

第五章 电气工程安装工艺标准及要求

第一节 主控项目工艺标准要求

一、配电箱柜安装

配电箱柜表面涂层完整，无污染，铭牌齐全，入箱柜的导线排列整齐，出地面高度不低于50mm；配电箱柜内电器安装整齐牢固，箱内配线应做到横平竖直、绑扎牢固、接线正确、接触良好，配线绝缘层颜色为黄、绿、红、浅蓝和黄绿双色，分色清晰正确，不得混用，多股线应搪锡或压接端子；配电柜与基础型钢用镀锌螺栓固定牢固，配电柜安装垂直度不大于1.5‰，成排盘面平整度不大于5mm，盘间接缝不大于2mm；配电柜金属外壳、金属基础、装有电器的可开启门均应接地牢固可靠。

二、电缆桥架安装及桥架内电缆敷设

金属电缆桥架及其支架和引入或引出的金属电缆导管必须接地（PE）或接零（PEN）可靠；直线段钢制电缆桥架长度超过30m应设伸缩节；桥架跨越建筑物变形缝处设置补偿装置，断开间距以100mm为宜，断开处两端应跨接黄绿相间软铜芯接地线；电缆桥架水平安装支架间距为1.5～3m，垂直安装的支架间距不大于2m；敷设在竖井内和穿越不同防火分区的桥架内横截面与环形间隙应采取防火封堵措施，防火封堵材料的耐火时间不应低于电缆桥架所穿越的楼板、防火分区墙体的耐火时间，防火封堵应严密、牢固。电缆敷设严禁有绞拧、铠装压扁、护层断裂和表面严重划伤等缺陷。

三、封闭母线、插接式母线安装

封闭插接母线组装和固定位置应正确，外壳与底座间、外壳各连接部位和母线的连接螺栓应按产品技术文件要求选择正确，连接紧固；封闭插接母线外壳接地线连接紧密，无遗漏；封闭插接母线段与段连接时，两相邻母线及外壳对准，连接后不使母线及外壳受额外应力；母线支架安装应位置正确，横平竖直，固定牢固，成排安装且排列整齐，间距均匀；插接母线外壳及其支架应接地可靠。

第二节 电 气 配 管

一、JDG金属导管连接

JDG金属导管之间、与接线盒（箱体外壳）之间应采用专用附件、紧定螺钉连接，连接应牢固（图5-1、图5-2）。紧定螺钉的螺帽应拧断。

二、钢管套丝

钢管套完丝后要注意保护，要采取防止丝扣缺损及生锈的措施。钢管套丝应清晰，相邻两扣丝的同一部位不能缺损，导管敷设在非混凝土结构内时，丝扣镀锌层破坏处应进行防腐。跨接地线应连接牢固、不松动（图5-3）。

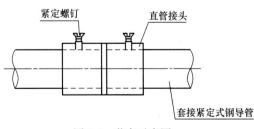

图5-1 节点示意图

图 5-2　工程实例照片

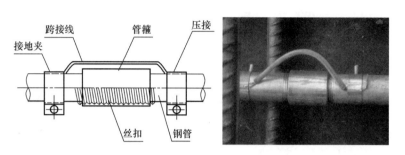

图 5-3　节点示意图及工程实例照片

三、配管加中间接线盒

暗配管，当配管长度超过以下长度时要加接线盒：无弯时 30m，有一个弯时 20m，有两个弯时 15m，有三个弯时 8m，不允许有四个弯（图 5-4）。

四、管路进盒

钢管应垂直进盒，一孔一管，钢管与线盒用锁母连接，锁母应夹紧线盒，进盒的钢管长度不应大于 5mm，出锁母 2~3 丝。不能出现绝丝及丝扣超长。镀锌钢管、可弯曲金属导管（即可挠金属电线保护导管）应采用专用线卡卡接接地线。JDG 金属导管、KBG 金属导管与接线盒之间采用专用附件连接，且连接处涂抹电力复合酯时，可不跨接接地线。节点做法见图 5-5。

图 5-4　工程实例照片

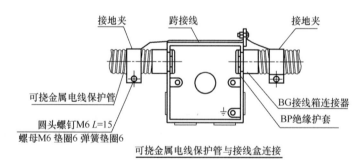

图 5-5　节点示意图

五、接地焊接

非镀锌钢管与接线盒的接地焊接，接地线的规格应符合规范的要求。接地线与线盒点焊两点，与钢管焊接倍数为 6d，双面焊接，焊接符合焊接牢固的要求，无气孔、加渣、咬肉、虚焊等焊接缺陷，焊后要求清除净焊药。镀锌焊接钢导管与接线盒之间采用专用接地卡卡接、跨接接地线（图 5-6）。

六、接线盒安装

结构配合中同一房间、同一高度的接线盒安装：高度一致，盒口要与墙面平齐，封堵严密。强电盒

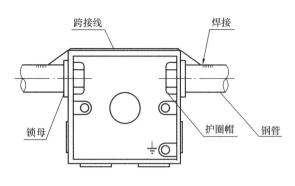

图 5-6　节点示意图及工程实例照片

与弱电盒要距离 0.5m 以上，高度差不大于 3mm（图 5-7）。

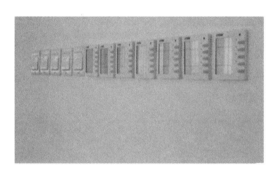
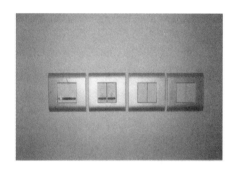

图 5-7　工程实例照片

第三节　线槽与桥架安装

一、金属线槽吊架安装

线槽和金属管道在同样标高处安装，线槽要于管道上方绕行敷设，其做法注意线槽转角要平滑。转角处吊架要符合要求，且管道间距正确；采用圆钢吊筋悬吊金属线槽布线的线路，两端应安装防晃支架，中间应安装刚性支架；金属线槽全长超过 30m 时，每 20～30m 与接地干线进行连接，金属线槽两端应与接地干线固定牢固；金属线槽与金属支架紧固无遗漏，电气连通可靠，螺母在金属线槽外侧（图 5-8）。

图 5-8　工程实例照片

二、吊架

间距均匀合理；吊杆顺直无内（外）八字；镀锌或经过防腐处理；吊杆长度一致（图5-9）。

图 5-9 工程实例照片

三、弯通

弯头、三通、四通、与配电（控制）设备外壳连接处、终端等应选用厂家定型产品，不宜采用没有直角弯的产品。垂直下弯通采用厂家定型产品（图5-10）。

图 5-10 工程实例照片

四、连接

对口应平直、严密；厂家需配套连接板、螺栓及其他附件；非镀锌金属线槽连接处两端应保证接地线跨接良好（图5-11）。

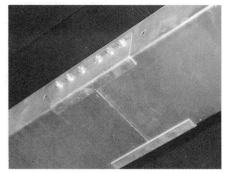

图 5-11 工程实例照片

五、穿楼板

桥架过墙壁、楼板处，不应将空洞抹死，而应作如下处理：土建收口方正，在桥架四周留一定空间，向空间内填充防火枕或防火堵料。在墙壁两侧，各用加工方正、尺寸合适一致、油漆均匀的盖板封盖住（图5-12）。

图 5-12　工程实例照片

六、桥架穿防火分区墙体

桥架在穿防火分区时，对桥架与建筑物之间的缝隙也必须做防火处理，防火枕应按顺序依次摆放整齐。防火枕与电缆之间空隙≤1cm，穿墙洞防火枕摆放厚度≥24cm。要求防火封堵材料的耐火极限不应低于所穿越防火分区墙体的耐火极限（图5-13）。

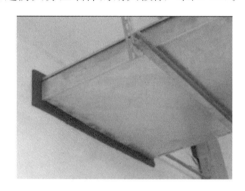 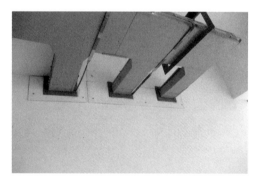

图 5-13　工程实例照片

第四节　电气线缆敷设及母线安装

一、桥架内电缆敷设

电缆沿桥架敷设时，应单层敷设，排列整齐，不得有交叉。拐弯处应以最大截面电缆允许弯曲半径为准。不同等级电压的电缆应分层敷设，高压电缆应敷设在上层。电缆标志牌规格应一致，并有防腐功能，挂装应牢固。标志牌上应注明电缆的起点、终点部位、电缆编号、规格、型号及电压等级。沿桥架敷设电缆在其两端、拐弯处、交叉处应挂标志牌，直线段应适当增设标志牌（图5-14）。

二、母线水平安装

根据图纸上母线安装的路径，采用有效的测量工具准确地对封闭母线的安装路线进行现场实际测

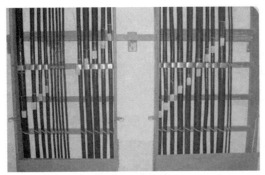

图 5-14　工程实例照片

量；水平母线安装选用吊杆和热镀锌角钢组合支架；封闭母线连接采用高强螺栓连接，连接处牢固无缝隙；在封闭母线的端头装封闭罩，各段母线的外壳的连接应是可拆的，封闭母线两端可靠接地；封闭式母线安装长度超过 80m 时，每 50～60m 以及跨越建筑物的伸缩缝或沉降缝处应设置伸缩节；母线穿越防火分区应采用防火材料进行封堵严密（图 5-15）。

图 5-15　工程实例照片

三、母线垂直安装

封闭式母线垂直安装沿墙或柱子处，应做固定支架，过楼板处应加装防震装置，并做防水台；封闭式母线插接箱安装应可靠固定，垂直安装时插接箱底口高度宜为 1.4m（图 5-16）。

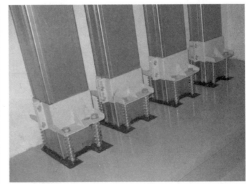

图 5-16　工程实例照片

四、电气设备接线

成排安装的建筑设备的供电布线系统经过综合布局、二次深化后，布线系统亦成排成线；布线系统工艺特色突出、精细，各弯曲处、接线盒标高等布置统一（图 5-17）。

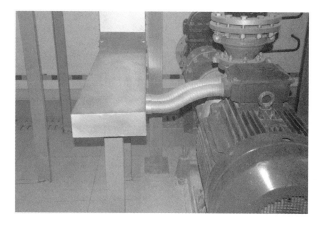

图 5-17 工程实例照片

第五节 配电箱柜安装

一、配电箱柜安装

配电柜进出电缆开孔应使用线锯或开孔钻，电缆敷设完成后应封闭，防腐层破坏处应进行防腐；母线金属外壳、桥架与柜内接地母排用专用接地线可靠接地；桥架与配电箱（柜）接口处应有保护导线和电缆的措施（图5-18）。

图 5-18 工程实例照片

二、成排配电箱柜安装

垂直度不大于1.5/1000，盘面平整度5mm，盘间接缝小于2mm；柜子标识齐全清楚。柜内布线清晰、接线牢固、线色正确、标志清楚。配电系统图贴于柜门内侧。成排、成列的配电柜安装应规整、牢固（图5-19）。

图 5-19 工程实例照片

三、配电箱柜接地做法

安装有电气元器件的金属配电箱、柜门要有可靠的接地。装有电器的可开启的门应以裸铜软线与接地的金属构架可靠地连接。配电柜基础槽钢接地焊接点应明显外露，且不少于两处，接地点应有接地标识（图5-20）。

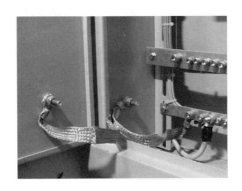

图 5-20　工程实例照片

四、配电箱柜接线

配电箱柜内电器安装整齐牢固，箱内配线应做到横平竖直、绑扎牢固、接线正确、接触良好，黄、绿、红、浅蓝和黄绿双色导线或芯线分色清晰、正确，不得混用，多股线应搪锡或压接端子与电气设备的端子连接，电气器具、电气设备每个端子上连接配线的根数不应多于两根，连接端子不应采用开口端子（图5-21）。

图 5-21　工程实例照片

五、配电箱柜接线防火封堵

端子箱进线孔洞口应采用防火包进行封堵，不宜小于250mm，电缆周围必须采用有机堵料进行包裹，厚度不得小于20mm。端子箱底部以10mm防火隔板进行封隔，隔板安装平整牢固，安装中造成的工艺缺口、缝隙使用有机堵料密实地嵌于孔隙中，并做线脚。线脚厚度不小于10mm，宽度不小于20mm，电缆周围有机堵料的宽度不小于40mm，呈几何图形，面层平整。有升高座的端子箱，宜在升高座上部再次进行封堵（图5-22）。

图 5-22　工程实例照片

第六节　柴油发电机组安装

柴油发电机燃油系统的设备、燃油系统管道应采取防静电措施；柴油发电机的储油间为建筑物易燃易爆场所，各种设备、照明灯具、电气器具、接线盒等的选型应符合该场所的要求，布线应采用钢管，连接处当设计无要求时，导管之间、导管与接线盒之间、导管与防爆灯具之间可不设置跨接接地线；导管的连接不应采用倒丝方式，应采用防爆活接头；发电机本体和机械部分的可接近裸露导体应接地或接零可靠，且有标识（图 5-23）。

图 5-23　工程实例照片

第七节　开关面板及灯具安装

一、开关面板安装

开关安装高度一般为 1.3m，紧贴墙面，不要有缝隙。要注意不能设置于门后等不利于操作的地方。开关面板和装饰面合理结合，放于其几何中心。

开关通断的方向应一致，面板无划伤，装饰帽齐全，与墙面四周无缝隙，开关盒内防腐完整，整洁无锈蚀（图 5-24）。

二、灯具安装

灯具和消防探头的距离一定要符合规范要求。注意成品保护，火灾探测器等精密设施更需要严密保护，防尘、防污染（图 5-25）。

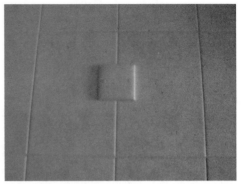

图 5-24　工程实例照片

图 5-25　工程实例照片

三、成排灯具安装

成排明装灯具，在预埋灯头盒时，先放线，根据灯型留出间距位置；成排安装的灯具中心线允许偏差为 5mm；筒灯开孔大小适中，无漏边现象；灯具安装要放于吊顶的几何中心位置；灯具和消防探头、喷洒头的距离符合规范要求；成排灯具顺直美观（图 5-26）。

图 5-26　工程实例照片

第八节　电气系统防雷接地

一、防雷接地焊接要求

防雷引下线与防雷网钢筋及防雷网钢筋之间应采用焊接连接，焊接采用双面焊，焊接长度大于 6d（d 为圆钢直径）。防雷网钢筋应顺直，支架与墙体及支架与防雷网钢筋固定牢固，支架与钢筋应采用顶压式固定，U 型卡子与接闪带钢筋配套，紧固件采用热镀锌，并配齐防松装置；支架应垂直，防雷网钢筋距女儿墙顶部宜为 100mm。防雷网钢筋转弯半径不宜小于钢筋 10d（图 5-27）。

图 5-27　工程实例照片

二、防雷接地测试点安装

接地线引向建筑物处应做接地标记，接地标记要正确，线条要均匀清晰，间距要合理，线条颜色为黑色，面板底色为白色，标记做好后，面板四周应密封好（图 5-28）。

图 5-28　工程实例照片

三、屋顶避雷带做法

屋顶避雷带支架不大于 1m，转角处 0.25m，专用热浸镀锌的卡子、螺栓、螺母、平垫片、弹簧垫片。避雷线弯曲要有弧度，宜尽可能大的弯曲半径（图 5-29）。

图 5-29　工程实例照片

四、机房接地等电位

设备机房的接地点由机房内的局部等电位端子箱引出，通过 BVR25mm² 铜芯线与机房内接地端子箱连接；在铜排交汇点设置铜端子，通过 BVR6mm² 连接各设备接地点。机房内采用综合接地方式，综合接地电阻≤1Ω，且应符合设计要求。所有接地除防雷接地外共用一个汇流排到机房主干接地端子（图 5-30）。

图 5-30　工程实例照片

第九节　安防系统安装

一、摄像机安装

摄像机应安装在监视目标附近不宜受外界损伤的地方，安装位置不应影响现场设备运行和人员的正常活动；在满足监视目标视场范围要求的条件下，尽可能避免逆光摄像情况的出现，红外摄像机安装时，应尽量避免直射光源；摄像机护罩及支架的安装应牢固，线缆不应影响设备水平和俯、仰角在监控区域要求的范围内灵活调整；保证摄像机的视频电缆 BNC 插头及电源接头固定牢固、接触良好（图 5-31）。

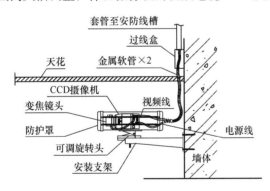

图 5-31　安装节点示意图及工程实例照片

二、对讲门口机安装

门口机不要暴露在风雨中，如无法避免，则需要加防水罩；用玻璃胶封堵四边以防止雨水进入对讲门口主机内；不要将摄像头面对直射阳光或强光，尽量保证摄像机镜头前的光纤均匀；安装应牢固、美观，水平度偏差不超过 0.5mm，垂直度偏差不超过 1mm；按产品要求接线，接线头必须焊锡处理，连接线在主机入口处应考虑滴水线；检查呼入系统主机的分机对应的编号是否与记录相符，如不符则重新编地址码，直至无误（图 5-32）。

图 5-32　安装节点示意图及工程实例照片

三、电子围栏安装

围栏前端导线之间应保持平行等距；围栏紧线器上下之间保持为一条竖直直线；万向底座安装固定，采用不锈钢膨胀螺栓或强力膨胀螺栓；安装避雷器时，地桩最小深度需打入地下 1.5m 以下；高压避雷接地电阻应小于 10Ω；弱电接地应小于 4Ω；避雷器安装在电子围栏的起始端，即靠近电子围栏主机的一端；高压绝缘线绝缘层应达到耐 15KV 的脉冲电压；电子围栏系统不能与任何其他的接地系统连接，且保持 10m 以上距离的独立接地；电子围栏的脉冲能量有时会产生轻微火花，为此，附近不能有可燃气体存在（图 5-33）。

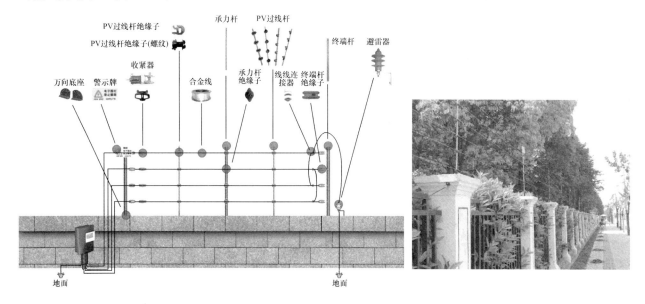

图 5-33　安装节点示意图及工程实例照片

四、停车场出入口设备安装

道闸、读卡机垂直于水平地面倾斜度不大于 1°，道闸杆垂直于车行方向，垂直度误差不得超过 1°，箱底与地面接触紧密，间隙处用水泥抹平，读卡机、道闸不得超出车道黄线；确定道闸及读卡设备摆放位置时首先要确保车道的宽度，以便车辆出入顺畅，车道宽度不宜小于 3m；进出口设置的摄像机，其视角范围主要针对出入车辆在读卡时的车牌位置，选择自动光圈镜头，安装高度为 0.5～2m；安全岛应高出地面 10～15cm；挡车器安装应平整、牢固，保持与水平面垂直、不得倾斜（图 5-34）。

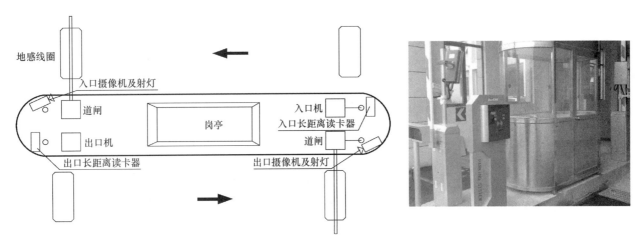

图 5-34 安装节点示意图及工程实例照片

第十节 综合布线系统安装

一、IDC 型配线架安装

配线架安装螺丝应该满配，目的是确保配线架、网络设备和空面板全部使用相同的安装螺丝，这样才能保证机柜正面的美观；理线架安装于机架的前端，提供配线或设备用跳线的水平方向线缆管理。理线架简化了交叉连接系统的规划与安装，便于以后的管理；做好配线架前面的标签条标识，准确地表达各个口的编号；配线架前面的跳线整理整齐，在跳线两端均应有清晰、规范的标签；配线架应提供容易接入、快速连接的清楚的电路标记；配线架应易于管理，接插网络能够保持整洁有序；配线架布线空间宽敞，电缆走线清晰、美观（图 5-35）。

图 5-35 工程实例照片

二、机房抗静电活动地板安装

活动地板下的地面和地板表面应清洁、无灰尘；地板表面无划痕、无涂层脱落、边条无破损；铺装后地板整体应稳定牢固，人员在上面行走无摇晃、无声响；地板的边条应保证一条直线，相邻地板错位不大于 1mm；相邻地板的高差不大于 1mm；采用 6mm² 编织铜带就近与接地紫铜带连接（图 5-36）。

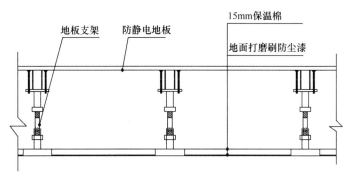

图 5-36　安装节点示意图及工程实例照片

三、机房等电位接地安装

安装绝缘子之间的距离为 800～1500mm；使用截面为 30mm×3mm 的铜排，沿墙体四周分别均布安装环形接地母排，铜排通过 BVR25mm^2 铜芯线与机房内接地端子箱连接，在铜排交汇点设置铜鼻子；铺设 100mm×0.3mm 铜箔于静电地板支撑架底下，铜箔和铜箔之间的距离为 600～3000mm；铜箔或编织铜带和铜排进行连接；用 6mm^2 编织铜带将等电位连接带与各类金属管道、金属线槽、金属桥架、建筑物金属构件等进行连接；抱箍、圆抱箍与管道接触处的接触表面需刮拭干净，安装完毕后刷防护漆并测试其导电效果（图 5-37）。

图 5-37　工程实例照片

第十一节　消防电系统施工

一、感烟、感温火灾探测器安装

探测器至墙壁、梁边的水平距离不应小于 0.5m；探测器周围水平距离 0.5m 内，不应有遮挡物；探测器至空调送风口最近边的水平距离不应小于 1.5m，至多孔送风顶棚孔口的水平距离不应小于 0.5m；在宽度小于 3m 的内走道顶棚上安装探测器时，宜居中安装。点型感温火灾探测器的安装间距不应超过 10m；点型感烟火灾探测器的安装间距不应超过 15m。探测器至墙壁的距离，不应大于安装间距的一半；探测器宜水平安装，当确需倾斜安装时，倾斜角度不应大于 45°（图 5-38）。

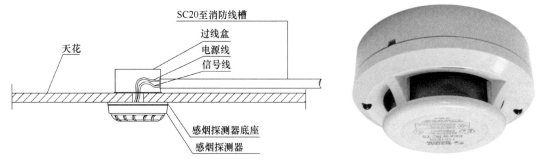

图 5-38　安装节点示意图及工程实例照片

二、消火栓按钮安装

上盖与底座紧密连接，螺钉需拧牢靠；消火栓按钮通常安装在消火栓箱内，一般安装在开门一侧的上方，如果箱外安装，消火栓按钮的安装高度跟手动报警按钮一样，距地面1.3～1.5m；消火栓按钮应安装牢固，不应倾斜（图5-39）。

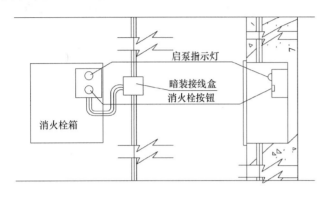

图5-39 安装节点示意图及工程实例照片

三、消防控制设备安装

控制器应安装牢固，不应倾斜；安装在轻质墙上时，应采取加固措施；引入控制器的电缆或导线，配线应整齐，不宜交叉，并应固定牢靠；电缆芯线和所配导线的端部，均应标明编号，字迹应清晰且不易褪色；端子板的每个接线端，接线不得超过2根；电缆芯和导线，应留有不小于200mm的余量；控制器主电源应有明显的永久性标志，应直接与消防电源连接，严禁使用电源插头；控制器与其外接备用电源之间应直接连接；控制器接地应牢固，并有明显的永久性标志（图5-40）。

图5-40 工程实例照片

第十二节 电气施工质量通病及防治措施

电气施工质量通病及防治措施 表5-1

序号	项目	现象	预防措施
1	电管敷设	管进配电箱不顺直，不平齐；未锁紧固定	施工前对操作工人进行培训，配管至箱前先将管路调整顺直；加大施工检查力度

序号	项目	现象	预防措施
2	导线敷设连接	与接线端连接时，一个端子上连接多根导线	接线柱和接线端子上的导线连接只宜1根，如需2根，中间加平垫片，禁止3根及以上导线接在同一接线柱上
		线头裸露，线槽内导线排列不整齐	严格按照工艺要求进行导线连接；线槽内导线按回路绑扎成束固定
3	配电箱安装	配电箱柜与导管、线槽连接处处理不到位，存在导线绝缘层损坏的隐患；箱柜外体缺少接地，箱柜门接地端子无标识	线槽与配电箱柜交接处固定牢固，护口细部处理得当；箱柜金属框架必须接地可靠，活动门和框架的接地端子应用镀锡编织的铜线相连，且应有标识
4	开关、插座安装接线	面板污染、不平直、高度不统一、与墙体间有缝隙	与接线盒固定牢靠；与土建密切配合，在最后一遍油漆前安装开关插座；用水平尺调校水平，保证安装高度的统一
		导线压接不牢、接线不规范	使用接线钮拧接并线，向开关插座甩出一根导线，以保单根导线进入线孔；插入线孔时导线拧成双股，用螺丝顶紧、拧紧
5	灯具安装	成排灯具的水平度、直线度偏差较大	施工中拉线定位，使灯具在纵向、横向、斜向均成直线，偏差不大于5mm
6	电缆敷设	电缆无标志牌，电缆敷设不整齐、有交叉	在电缆终端头、拐弯处、夹层、竖井的两端等挂标牌；深化设计时排好电缆在桥架内的排布，现场施工时按顺序敷设
7	接地安装	电管敷设时跨接地线串接	施工前使用图解的方式对操作工人进行跨接地线的专项培训，让每名施工人员明白什么是串接和并接，施工过程中加大检查力度
		接地端子压接不牢固、缺少防松零件	施工前进行技术交底，施工完成后进行测试

第六章 通风空调工程安装工艺标准及要求

第一节 主控项目工艺标准要求

一、管道支吊架

管道支吊架构造及安装方式和安装位置必须满足管道的承重、伸缩、固定性及检修要求；管道支吊架的制作安装应符合设计及标准图集要求；管道与支架间的绝热层处理要满足设计及标准图集要求；固定支架必须满足管道固定牢固的要求，活动支架必须满足管道滑动（伸缩）性能的要求；设备配管的支架不应遗漏，不得使柔性接头和管道接口承担管道和设备重量；风机盘管、静压箱等设备应独立支吊架；暗装支吊架应刷防腐漆，明装支吊架还应涂面漆。

二、管道安装坡度

气、水同流向的热水、采暖、空调冷冻水管道和蒸汽管道、凝结水管道坡度应为 3‰，不得小于 2‰；气、水逆流向的热水、采暖、空调冷冻水管道和蒸汽管道坡度不宜小于 5‰；冷、暖水系统管道最高点或有空气集聚处应设排气装置，最低点或可能有水和杂质积存处应设泄水装置。

三、金属风管加工

金属风管咬口翻边和法兰翻边时翻边应平整，宽度一致，不得小于 6mm，并不得有开裂和孔洞，接口应严密；焊接风管的焊缝应平整，不应有裂缝、穿透及夹渣等缺陷；无法兰连接风管接口处四角应有固定措施；采用 C 型及 S 型插条连接时，风管长边尺寸不得大于 630mm；矩形风管边长大于 630mm、保温风管边长大于 800mm 时，应采取加固措施。

四、设备安装

风机的进出口应与柔性接口机风管的轴心一致，安装风机隔振钢支吊架或安装地面隔振器应平、正、牢固；空调机组安装应整体平直，并留有检修通道，固定牢固，减振合理，各类风管和水管接口应严密、无渗漏。

第二节 空调水管道支吊架安装

一、单管支吊架

安装空调水管吊架时，用于绝热的防腐木托与管道接触要严密，其厚度与保温层应相平齐，宽度应大于支吊架平面的宽度，吊杆安装要牢固、垂直，并在一个平面上（图 6-1）。

二、门形固定支吊架

空调管道固定支架采用门形架，门形吊架固定要牢固美观，木托与管道应相匹配（图 6-2）。

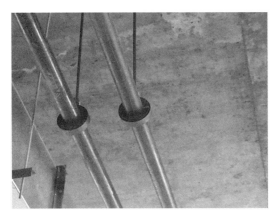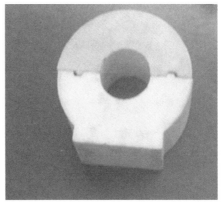

图 6-1　工程实例照片

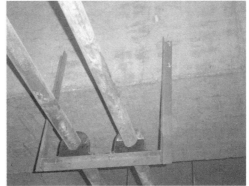

图 6-2　工程实例照片

三、空调水立管支架

承重型钢支架安装要求无毛刺、豁口、漏焊等缺陷，支架制作或安装后要及时刷漆防腐（图 6-3）。

图 6-3　工程实例照片

四、成排管支吊架

成排管道在管线综合排布设计时要尽量安装在同一个吊架上，吊架与吊架的间距应满足最小管道的要求，吊架要排列整齐（图 6-4）。

图 6-4　工程实例照片

第三节　空调水管道安装

一、管道连接

焊接：管道焊接要求焊肉饱满，焊缝高度、宽度应符合设计要求；焊缝外观美观，无咬肉、夹渣、气孔、裂纹、飞溅等缺陷；焊缝与管道支吊架的净距离不应小于50mm。

法兰连接：法兰应与管道中心线垂直；法兰垫片需符合要求；螺栓连接要整齐，型号、规格、朝向均一致，外露为螺栓直径的一半，且出螺母2～3扣；螺栓的材质应与所连接的法兰为同材质，避免因不同材料而电板电位不同，造成电化学腐蚀。（图6-5）

图 6-5　工程实例照片（焊接、法兰连接）

二、阀门安装

阀门安装前应进行外观检查，阀门外体铸造应规矩、光洁，无裂纹、砂眼、凹凸等缺陷，手轮完整、无损伤，开关灵活，关闭严密，填料密封完好无渗漏。

安装在主干管起切断作用的阀门，应全数检查，进行强度和严密性试验。工作压力大于1.0MPa的阀门应在每批（同牌号、同规格、同型号）数量中抽查20%，且不得少于1个，进行强度和严密性试验，合格后方准使用。其他阀门可不单独进行试验，待在系统试压中检验。

阀门的位置、方向和高度应符合设计要求；水平管道上阀门的手柄不应朝下；垂直管道上的阀门手柄应朝向便于操作的地方（图6-6）。

图 6-6　工程实例照片（阀门安装）

三、压力表、温度计安装

压力表的选用应根据管道中介质压力或设备承压能力不同，选择不同规格的压力表，并且压力表的测量值不要超过测量上限值的 2/3；压力表应带有三通放气旋塞阀和缓冲表弯，并应安装在管道的直管段和便于观察、维护处；温度计必须带有防护装置，并应安装在管道的直管段和便于观察、维护处（图 6-7）。

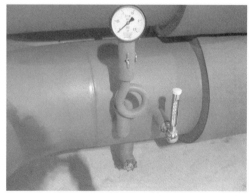

图 6-7　工程实例照片

第四节　通风管道加工制作与安装

一、矩形风管加工制作

矩形薄钢板风管板材咬口连接采用联合角咬口；板材材质、厚度及角钢型号的选择应符合规范要求；风管与角钢法兰连接宜采用翻边铆接，风管的翻边应紧贴法兰，翻边要宽度均匀，且不应小于6mm，咬缝及四角应无开裂与孔洞；铆接应牢固，无脱铆或漏铆（图 6-8）。

图 6-8　工程实例照片

二、风管支吊架安装（图6-9）

风管吊架角钢上下都应加螺母，而且下面应加双螺母固定；吊架安装应垂直，间距符合规范要求；风管木托要符合规范要求；风管系统安装位置正确、支吊架构造合理；风管应吊装要求水平，吊架垂直；保温风管应加木托，木托厚度不小于保温材料厚度；吊架间距不大于3m（根据风管的规格）。

风管吊杆直径不得小于6mm；吊杆与风管之间距离为30mm；吊杆螺栓孔应机械钻孔；固定吊杆螺栓上下要加锁母；当风管弯头大于400mm时，应单独加支吊架。

风管三通处应单独加吊架。

图6-9 工程实例照片

三、风管连接（图6-10）

通风管道材质为镀锌钢板；钢板的厚度应符合设计要求；管道接口翻边要顺直，宽度应为6～9mm。

风管连接件均为镀锌件；连接螺栓规格正确，间距小于120mm。

风管密封垫厚度应不小于3mm；螺栓方向要一致，出螺母长度为螺栓直径一半。

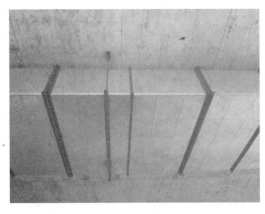

图6-10 工程实例照片

四、风管软连接安装

风管软连接材料必须符合设计和规范要求；软管连接长度为150～300mm；软管与法兰连接铆钉间距不大于80mm（图6-11）。

图 6-11　工程实例照片（风管软接）

五、风管安装

使用薄钢板法兰风管连接，弹性插条的弹簧夹或紧固螺栓之间的间隔不应大于 120mm，且分布均匀，无松动现象。明装风管水平度为 3‰，垂直度应为 2‰，总体偏差均不大于 20mm；风管吊架间距不得大于 3m；当横担采用角钢时，角钢的朝向、端部与风管的距离应一致，角钢开孔应采用机械开孔，不得采用热加工开孔（图 6-12）。

图 6-12　工程实例照片（共板法兰、防火板风管）

六、防火阀安装

防火阀安装应设置独立支吊架；防火阀及排烟阀与隔墙距离不宜大于 200mm，且不小于 50mm；在建筑设备用房墙体设计有吸音板时，如果在吸音板安装之前安装风管与防火阀，要考虑防火阀与吸音板之间的距离，避免因防火阀与吸音板距离过近而无法满足规范的要求（图 6-13）。

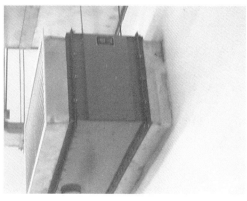

图 6-13　工程实例照片

第五节　通风空调设备安装

一、风机盘管安装

卧式风机盘管应设置独立的支吊架固定；安装的高度、位置应正确，且固定牢固，吊杆不应摆动，并应便于拆卸和维修；吊杆与托盘相连应用双螺母紧固、找平，冷凝水托盘应按照规范的坡度坡向冷凝管口；安装风机盘管及相关阀门的地方如果有吊顶，吊顶应设置设备检修孔（图 6-14）。

图 6-14　工程实例照片

二、风机安装

风机减振采用减振器减振，减振器压缩量应均匀，偏差不得大于 2mm。

通风机传动装置的外露部位以及直通大气的进出口，必须装设防护罩或其他安全设施；与风机连接的风管应采用软连接，风管应设置独立支吊架（图 6-15）。

图 6-15　工程实例照片

三、空调机组安装（图 6-16）

空调机组安装位置应正确，且牢固、美观、清洁；同时注意空调机组组装顺序正确，接缝要严密，外表应光滑。

空调机组的冷凝水排水管水封高度应符合设计要求。

空调机组安装应考虑检修位置，以便过滤器的拆卸和安装。

图 6-16 工程实例照片

四、水泵安装（图 6-17）

水泵安装位置要正确，水泵减振安装应符合设计要求；水泵及管道油漆应涂刷均匀；管道穿墙处密封要合理，严密不漏；成排设备安装应布置合理，相同型号设备及配件应布置在一条直线上；相同规格的配件标高相同，压力表朝向应一致；设备出入口管道支架要合理布置，减振器应全部露在基础外表面；水泵垫铁的放置位置应正确，且接触紧密；螺栓必须拧紧，并有防松动措施。

水泵入口过滤器方向要正确；过滤器安装高度应符合检修要求；管道支架位置要正确。

图 6-17 工程实例照片

五、集分水器安装（图 6-18）

图 6-18 工程实例照片

集分水器安装的水平度或垂直度允许偏差为 1‰，并应符合设备技术文件的要求。设备铭牌应外露。

垫铁的放置位置应正确，且接触紧密；螺栓必须拧紧，并有防松动防腐蚀措施。

六、水箱安装（图 6-19）

水箱与基础应接触紧密，安装位置要正确，平稳端正；水箱安装过程中的四个立面必须用吊线找正，并用水平尺找平。

装配式（组合式）水箱安装时箱底四周及箱底标准块之间的连接缝要坐落在支座上；不锈钢水箱与碳素钢基础槽钢之间应采用防电化学腐蚀措施。

图 6-19　工程实例照片

七、冷却塔安装（图 6-20）

基础标高应符合设计的规定，允许误差为 ±20mm；冷却塔地脚螺栓与预埋件的连接或固定应牢固，各连接部件应采用热镀锌或不锈钢螺栓，其紧固力应一致、均匀。

安装冷却塔应水平；安装单台冷却塔水平和垂直度允许偏差均为 2‰；安装同一冷却水系统的多台冷却塔时，各台冷却塔的水平高度应一致，液面高差不应大于 30mm。

图 6-20　工程实例照片

八、制冷机组安装（图 6-21）

采用隔振措施的制冷设备，其隔振器安装位置应正确；各个隔振器的压缩量，应均匀一致，偏差不应大于 2mm。

设备安装的位置、标高和管口方向必须符合设计要求，当设计无要求时，平面位移允许偏差 10mm，标高允许偏差 ±10mm。

整体安装的制冷机组，其机身纵、横向水平度的允许偏差为 1‰，并应符合设备技术文件的

图 6-21　工程实例照片

规定。

　　设备就位方向应充分考虑设备操作空间和管道进行综合布置；机组安装时需按设备技术文件的要求调整一致，并定位，最后连接电动执行机构；冷水机组基础四周应有排水沟，排水沟应与冷冻机房地面的排水沟贯通，并最终能将水排入到集水坑内，由集水坑内的潜水泵将水排至室外。

第六节　管道防腐保温与标识要求

一、管道刷漆（图 6-22）

　　保温管道刷漆之前应彻底除锈；刷第一遍油漆时不要漏刷；管道安装完毕以后，进行刷第二遍油漆；管道油漆涂刷要均匀，漆膜厚度应符合设计要求；管道油漆应均匀，无流坠，无漏涂，需符合规范要求。

图 6-22　工程实例照片

二、管道保温（图 6-23）

　　管道保温应平整，过渡部分要均匀；管道法兰应单独保温；保温材料各接口要严密；管壳接口处应顺水搭接。

　　泵体、法兰、阀门附件、温度计及压力表表弯等保温要到位，保证外形规矩、美观；管道法兰、阀门应单独进行保温，并留有足够空间，以便将来操作和维护时拆卸。

图 6-23　工程实例照片

三、风管保温（图 6-24）

风管保温要平整，棱角清晰；法兰处单独保温；各接口粘接严密；保温与风口接触要紧密，且保温钉数量设置正确、压接紧密，防火涂料应涂刷均匀。

图 6-24　工程实例照片

四、风管保温钉布置及保温保护层（图 6-25）

风管保温钉布置要合理、均匀，每平方米风管底面不应少于 16 个，侧面不应少于 10 个，上面不应少于 8 个，首层保温钉至风管或保温材料边缘的距离应小于 120mm。

室外镀锌铁皮风管保温应平整、光滑，咬口不小于 20～25mm，接口的搭接方向应顺水。

图 6-25　工程实例照片（风管内保温钉、保温虾壳）

五、风管标识、空调设备标识（图 6-26）

风管标识应牢固，且字体醒目，成排风管标识应排列整齐；空调设备标识应牢固醒目，而且按图纸设备名称进行标注；标识要有文字说明和介质流动方向。

图 6-26　工程实例照片

六、管道标识（图 6-27）

管道标识要齐全，且字体大小与管道大小相匹配；标识应有介质方向和介质名称，且牢固醒目；成排管道标识高度应一致。

标识箭头方向应正确，排列整齐。

图 6-27　工程实例照片

第七节　各类风口安装

一、百叶风口安装（图 6-28）

风口安装位置要正确，且与顶板接触紧密；百叶风口的叶片间距应均匀，叶片平直、与边框无碰擦；水平安装风口水平度为 3‰，总偏差不大于 20mm；各类风口安装后应横平竖直，表面平整；在无特殊要求情况下，露于室内部分应与室内线条平行。

图 6-28　工程实例照片

二、散流器安装（图 6-29）

散流器的扩散环和调节环应同轴，轴向间距分布应匀称；散流器的风口面应与顶棚平行。

图 6-29 工程实例照片

三、VAV 灯盘风口安装（图 6-30）

VAV 风口与灯具应为匹配的成套产品，风口与灯饰面要紧贴；风口静压箱表面应平整、不变形；风阀调节灵活；保温层连接应牢固可靠。

图 6-30 工程实例照片

四、旋流风口安装（图 6-31）

旋流式风口叶片转动应轻便灵活；接口处不应有明显漏风；叶片角度调节范围应符合设计要求。

图 6-31 工程实例照片

五、球形风口安装（图 6-32）

球形风口内外球面间的配合应转动自如，定位后无松动；风量调节片应能有效调节风量。

图 6-32　工程实例照片

第八节　通风空调施工质量通病及防治措施

通风空调施工质量通病及防治措施　　　　　　　　　　　　　　表 6-1

序号	项目	现　象	预　防　措　施
1	风管及风管管件制作	风管拼缝不合理	风管制作前做好交底工作，下料时考虑合理性
		风管接缝不严密	严格按工艺程序施工；采用电动缝合机进行缝合，以确保质量
		风管损坏及风管变形	风管装卸、搬运时应小心、轻拿轻放；用车辆搬运时，应采取相应防护措施；采用双面彩钢
		矩形风管弯头不按规定设置导流叶片，导致阻力增大	制作前应做好技术交底，当管口平面尺寸大于 500mm 时，内斜线矩形弯头、内弧形矩形弯头必须加设导流叶片
		柔性短管选材不合理，制作不规范	柔性短管应选择防腐、防潮、不透气、不易霉变的柔性材料；用于防排烟系统的柔性短管必须使用防火材料制作；短管长度一般宜为 150～300mm，连接应严密、牢固可靠，不能作为找正、找平的异径连接管
2	风管及部件安装	风管安装不正，支吊架设置不合理	确保风管中心线与法兰端面垂直，风管两端法兰应平行；支吊架设置要合理，且间距符合规范要求；风管支吊架与风口、阀门、检查门及自控机构的净距离不小于 200mm；当水平悬吊的主风管长超过 20m 时，应设置防止风管摆动的固定点（防晃支架、固定支架），每个系统至少一处
		风阀安装位置不便检修、维护，阀门启闭不灵活	各类风阀安装前应先检查风阀的严密性，安装在便于操作、检修、维护之处，安装后应确认启闭是否灵活、可靠；防火阀宜设独立的支吊架
		风口与风管连接不严密，与装饰面配合不紧密	在安装前检查风口外观及外形尺寸，安装时风口与风管连接要严密，与装饰面要紧密相贴，表面应平整、不变形；安装后检查调节阀是否灵活
		可伸缩性软管长度过长	可伸缩性金属或非金属软管的长度不宜超过 2m，并不应有死弯或塌凹
3	保温绝热	保冷设备及管道产生冷桥	裙座、支座、吊耳、支吊架等附件必须采取保冷措施，保冷厚度不得小于保冷层厚度；支承件处的保冷层应加厚
		管道套管偏心过小	预留套管规格应大于管道保温后外径
		双层绝热材料横向接缝没有错开	双层材料保温要求错缝间距不宜小于 100mm

序号	项目	现　象	预　防　措　施
4	通风空调设备安装	风机盘管与风管连接不良	加强施工人员责任心教育，提高风管制作质量
		动力型末端设备运行时噪声较大	末端设备安装时，为减少振动及噪声的传递，箱体和托架之间应使用减振隔垫，吊装时应保证设备水平、垂直
		通风空调设备的维修操作空间过小，各组隔振器压缩量不均匀	布置设备时应考虑到设备的维修操作空间；设备落地式安装时隔振器的地面应平整，但无论落地安装还是吊装都要求各组隔振器承受荷载的压缩量均匀，高度误差应小于2mm
5	空调水管道及阀部件的安装	沟槽连接不严密	沟槽连接要满足弹性连接的要求，沟槽与橡胶密封圈和卡箍必须为配套合格产品，沟槽深浅要合理
		大管道焊接变形	采取合理的焊接顺序；焊工必须经专业培训，持证上岗；管道焊接采用对称施焊，必要时用骑马刚性固定
		空调水系统阀门设置不合理	阀部件安装的位置应便于操作、检护和修理；阀门安装应密封可靠、启闭灵活，设备进出口的同一类阀部件应安装在同一高度上
		空调供热管道的坡度不合理	空调供热管道的坡度应符合设计及规范要求，在施工过程中一定要注意高点加设放气阀，低点加设泄水阀
6	空调水设备安装	设备减振装置失效，管道软接头选型不当	材料选用优质产品，产品应符合设计技术参数，安装要合理，避免将机组振动传给结构

第七章　建筑给排水采暖工程安装工艺标准及要求

第一节　主控项目工艺标准要求

一、管道支吊架

管道支吊架构造及安装方式、安装位置必须满足管道的承重、伸缩、固定性能及检修要求；管道支吊架制作安装应符合设计及标准图集要求；管道与支架间的绝缘层处理需满足设计要求；固定支架与管道必须采取固定牢固，活动支架必须满足管道滑动（伸缩）性能；设备配管的支架不应遗漏，不得使柔性接头和管道接口承担管道和设备的重量。

二、室内给水管道安装

给水引入管与排水排出管的水平净距离不得小于 1m，室内给水管与排水管平行敷设时，两管间的最小净距离不得小于 0.5m，交叉敷设时垂直净距离不得小于 0.15m；热水管道应尽量利用自然弯补偿热伸缩，直线段过长则应设置补偿器；水表应安装在便于检修、不受暴晒、污染和冻结的地方。

三、室内排水管道安装

排水管道坡度及支架间距需符合设计要求；通向室外的排水管穿过墙壁或基础下返时，应采用 45° 三通和 45°弯头连接，并在垂直管段顶部设置清扫口。

四、给水设备安装

设备基础混凝土强度、坐标、标高、尺寸及螺栓孔位置必须符合设计要求；给水水箱支架或底座安装时，其尺寸及位置应符合设计和厂家的要求，底座应平整牢固，水箱与底座接触要严密；水箱溢流管和泄水管应设置在排水地点附近，但不得与排水管直接连接；水箱给水进水口应高于溢水口 2.5 倍进水管管径，溢流口管口距排水水面不小于 100mm，并加装钢丝网；压力表应安装在便于观察和吹洗的位置。

第二节　管道预留洞、预埋套管

一、管道预留洞、预留套管

预留洞位置及规格尺寸应正确，洞口应光滑完整无破损，套管周围要做好标识（图 7-1）。

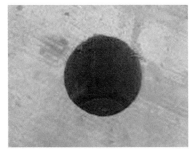

图 7-1　工程实例照片

二、穿楼板套管

套管外应清理干净，并刷脱模剂，套管位置应正确，且固定牢固，套管规格要符合设计要求（图7-2）。

图 7-2 工程实例照片

三、防水套管安装

柔性防水套管制作应符合规范要求，柔性防水套管安装要牢固平整（图7-3）。

图 7-3 工程实例照片

四、穿墙密闭套管安装

套管一般采用钢套管，套管规格比管道管径大2号，套管不能直接和主筋焊接，应采取附加筋形式，附加筋和主筋绑扎固定，使套管只能在轴向移动，套管内外表面及两端口需做防腐处理，断口要平整，并做好套管的防堵工作（图7-4）。

图 7-4 工程实例照片

第三节　给排水管道支吊架安装

一、单管支吊架

支吊架制作时，严禁用电气焊切割，若需要电气焊切割时，必须用手砂轮机把毛刺焊瘤清理干净（图7-5）。

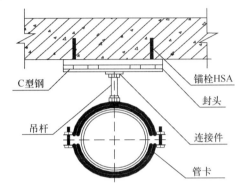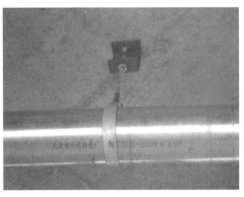

图7-5　节点示意图及工程实例照片

二、门形固定支吊架

给水管道固定吊架安装应采用角钢门形架固定，牢固美观（图7-6）。

图7-6　工程实例照片

三、给排水立管支架

成排立管安装时，管道应垂直，且支架高度一致，抱卡要安装得严密美观；如果有管道保温，应留出保温间距；管道竖井内或同一场所内有不同系统的管道时，管道支架高度应一致（图7-7）。

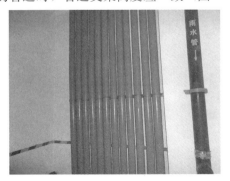

图7-7　工程实例照片

四、成排管支吊架

成排管道在管线综合排布设计时，应尽量安装在同一个吊架上，吊架与吊架的间距应满足最小管道的要求，吊架排列要整齐，见图7-8。

图 7-8 工程实例照片

第四节 管 道 连 接 要 求

一、给水管道丝扣连接

套丝采用自动套丝机，套丝机使用前应用润滑油润滑，加工次数为 2～4 次不等：管径 DN15～DN32mm，套 2 次；管径 DN40～DN50mm，套 3 次；管径 DN70mm 以上，套 3～4 次。套丝完成后管丝扣应采用标准丝扣规范检验（图7-9）。

图 7-9 工程实例照片

二、给水管道沟槽连接

沟槽式卡箍管件安装前，检查卡箍的规格和胶圈的规格标识是否一致，不得采用含有石棉的胶圈；检查被连接的管道端部，不允许有裂纹、轴向皱纹和毛刺，以保证安装质量；安装胶圈前，还应除去管端密封处的泥沙和污物；沟槽件边缘 150～300mm 范围内应设置支吊架（图7-10）。

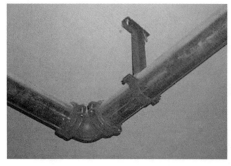

图 7-10 工程实例照片

三、薄壁不锈钢给水管卡压连接

薄壁不锈钢卡压式管件端口部分应有环状 U 形槽，且槽内装有 O 型橡胶密封圈；安装时要用专用环压工具使 U 形槽凸部缩径，使薄壁不锈钢管道、管件承插部位卡成六角形。操作工艺见图 7-11。

图 7-11　操作工艺实例照片

四、热水管道铜管连接

铜管钎焊连接是在焊接接头处加热，将加入的焊料溶化，依靠毛细管作用将熔化的钎料吸入连接处完成钎焊连接。铜管和钎焊套管加工精度很高，它们装配在一起形成细小而均匀的间隙，当清洁、涂有焊剂的铜管插入清洁、涂有焊剂的钎焊套管，并加热到钎料的熔点温度，在母材不熔化的条件下，钎料熔化后在毛细管作用下填充进两母材连接处的缝隙，形成钎焊缝，钎料和母材之间相互溶解和扩散，从而得到牢固的结合。操作工艺及工程实例见图 7-12。

图 7-12　工程实例照片

五、排水铸铁管道柔性连接

排水铸铁管柔性连接通常采用 W 型（图 7-13）或 A 型（图 7-14）；管材和管件在安装前应先清洗，管内不得有泥、砂、石及其他杂物；管材可采用砂轮切割机、锯等切割，切割口应清除毛刺，外圆略锉倒角。

图 7-13　操作工艺实例照片（W 型图示）

图 7-14　操作工艺实例照片（A 型图示）

六、雨水管道连接（图 7-15）

镀锌管法兰连接：法兰与管道中心线垂直；法兰垫片应符合要求；螺栓连接整齐，朝向一致，外露为螺栓直径的一半。

HDPE 管道热熔连接：熔接前清洁管材表面的污物，试插要熔接的管道，标出插入深度；将电熔管件套在管材上，调整管材、管件使其在同一轴线上；通电开始熔接，待电熔信号眼有熔体流出，断开电源熔接完成。

HDPE 管热熔连接一般分为五个阶段：预热阶段、吸热阶段、加热板取出阶段、对接阶段、冷却阶段。加热温度和各个阶段所需要的压力及时间，应符合热熔连接机具生产厂和管材、管件生产厂的规定。

图 7-15　工程实例照片（镀锌钢管、HDPE 管道）

七、采暖管道安装

采暖管道安装坡度应符合规范及设计要求；散热器支管的坡度应为 1‰，坡向应利于排气和泄水；管道补偿器的型号、安装位置及预拉伸和固定支架的构造及安装位置应符合设计要求；地面下敷设的盘管埋地部分严禁有接头，且应间距合理，固定牢固，管道弯曲半径合理；地埋采暖管道隐蔽前应进行水压试验（图 7-16）。

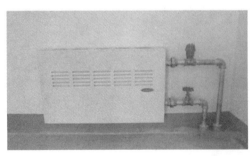

图 7-16　工程实例照片

第五节　泵房设备及附件安装

一、给水水箱安装

水箱基础做法及尺寸应符合设计要求，平整牢固，与底座槽钢支架接触严密；水箱溢流管和泄水管应设置在排水点附近，但不得与排水管直接连接，溢流管口距排水水面不少于100mm，管口设置严密防虫网；水箱给水进水口应高于溢水口2.5倍进水管管径；水箱的内外侧应安装不锈钢梯子，检修人孔尺寸不小于600mm×600mm，水箱外部应安装液位计，浮球阀等阀门附件要集中安装在检修工作口附近（图7-17）。

图 7-17　工程实例照片

二、水泵基础安装

每个地脚螺栓旁边应至少有一组垫铁，每组垫铁不宜超过5块，并应将各垫铁相互固定位焊牢。地脚螺栓在预留孔中应垂直，螺母与垫圈、垫圈与设备机座间的接触均应紧密，拧紧螺母后，螺栓露出螺母的长度应为螺栓直径的二分之一。当采用隔振器时，不应将隔振器装入基础或地面中，隔振器安装位置应受力均匀，不应有偏心或变形现象（图7-18）。

图 7-18　工程实例照片（卧式泵、立式泵）

三、变频给水泵组安装

变频给水泵组需要设置统一的泵组基础，水泵出水管道的重量不应直接支撑在水泵泵体上，应单独设定支吊架（图7-19）。

图 7-19　工程实例照片

四、潜污泵安装

潜水泵的安装需配备上升导杆及提升链条，排水管与潜水泵的连接应为自动耦合，利用耦合装置将泵与出水管路相连，泵和出水管路应相互独立，其间不要用紧固件连接。安装时，把底座固定在池底，将导杆支架固定于池顶部侧壁；用螺栓将泵体与耦合接口相连，将耦合接口半圆孔导入导杆；把泵沿导杆向下滑到底，耦合支架就会把泵体的出水口和排水底座入口自动对准，依靠泵的自重使两法兰面自动贴紧（图 7-20）。

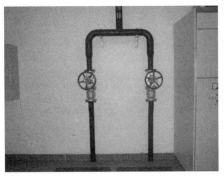

图 7-20　工程实例照片（潜污泵配管及阀部件）

第六节　给排水施工质量通病及防治措施

给排水施工质量通病及防治措施　　　　　　　　　　　　　　　　　　　　　表 7-1

序号	项目	现　象	预 防 措 施
1	管道制作安装	螺纹不光或断丝缺扣	是由于套丝时板牙进刀量太大、板牙的牙刃不锐利、牙刃有损坏、切下的铁渣积存等原因所致，为了保证螺纹质量，套丝时宜采用自动套丝机
		给排水管道坡度不均匀，有倒坡	采用卷尺、线坠等工具检查，保证管道坡度符合验收规范要求
2	阀门安装	安装前未进行强度和严密性试验	同牌号、同型号、同规格的阀门附件抽检 10%（且不小于 1 个）做强度和严密性试验；主干管上的起切断作用阀门应逐个进行强度和严密性试验
		安装时法兰两端面平行度不够，紧固方法不符合要求	两法兰端面互相平行，其偏差不应大于法兰外径的 1.5‰；拧紧螺栓时要对称、交叉进行

序号	项目	现　象	预　防　措　施
3	地漏安装	地漏安装标高偏高或偏低	地漏在安装时应与装修单位密切配合，由于工程需要安装的地漏样式较多，所以要严格检查，使地面水能顺利流入地漏
4	管道冲洗	以系统水压试验后的泄水代替管路系统的冲洗试验	管路冲洗应单独进行，末端管路出水需达到目测及水质检验分析标准
5	消防水泵	消防水泵与水池之间管路连接上缺少过滤器，阀门用了暗杆闸阀	在土建施工消防水泵基础的时候，要考虑好基础与水池之间的距离，预留好安装过滤器的空间，同时阀门要采用明杆闸阀，便以清楚阀门是开还是关的状态

第八章　机电系统检测与调试

第一节　暖通空调系统调试

一、空调风系统调试

风系统的调试内容包括设备单机测试、风量平衡调试。

1. 设备单机测试

（1）空调机组单机试运转（表 8-1）

空调机组单机测试项目表　　　　　　　　　　　　　　　　　　表 8-1

设备名称	单 机 测 试 项 目
空调机组	启动控制柜开关，先点动检查风机是否正转
	以上内容确认好后启动机组，机组正常运行后，测量电流
	测机组风机和电机的转数、风机进风口的风压
	在与设备连接的主管道上测量机组的送风量

（2）风机单机试运转（表 8-2）

风机单机测试项目表　　　　　　　　　　　　　　　　　　　　表 8-2

设备名称	单 机 测 试 项 目
风机	将控制柜开关打到工频下，先点动检查风机是否正转
	以上内容确认后，启动机组，机组正常运行后，测量电流
	需对离心风机测试风机、电机转速及机外余压
	在与设备连接的主管道上测量机组的送风量

2. 风量平衡调试

系统风量平衡调试采用"流量等比分配法"或"基准风口法"，从最不利于环路的系统末端开始，逐步向风管总管和风机进行调试。

调试步骤如表 8-3。

风量平衡调试步骤　　　　　　　　　　　　　　　　　　　　　表 8-3

序号	调 试 步 骤
1	按设计要求调整送风干管、支管及各送风口的风量
2	在系统风量经调整达到平衡之后，进一步调整风机的风量，使之满足空调系统的要求
3	经调整后，在各部分调节阀不变动的情况下，重新测定各处的风量作为最后的实测风量

（1）流量等比分配法

按系统图选定最不利点，确定最不利管路，从该处支管开始调试。为了提高调试速度，使用两套微压计分别测量最不利支管和与之相邻的支管的风量，用调节阀进行调节，调至两条支管的实测风量比值与设计风量比值近似相等，即：Q1/Q2＝Q，设 1/Q，设 2。

用同样的方法测出各支管、干管的风量，根据风量平衡原理，只要将风机出口总干管的总风量调整到设计风量，其他各支干管、支管的风量就会按各自的设计风量比值进行等比分配，接近设计值。

（2）基准风口调试法

调试前先用风罩式风速仪（对于尺寸比较大的风口，用叶轮风速仪测出风速，再求风口的风量）将全部风口送风量初测一遍，并将计算出来的各风口的实测风量与设计风量的比值统计出百分数列表，找出各支管最小比值的风口。

选用各支管最小比值的风口为各自的基准风口，以此来对各支管风口进行调试，使各比值近似相等。用调节阀调节相邻支管的基准风口，使其实测风量与设计风量比值近似相等，只要相邻两支管的基准风口调试后达到平衡，则说明两支管风量也已达到平衡。

最后调整总风管的总风量，使其达到设计值，再测定风口风量，即为风口的实测风量。

二、空调水系统调试

1. 设备单机试运转

（1）水泵单试运转及测试步骤（表 8-4）

水泵单机测试项目表 表 8-4

序号	单 机 测 试 内 容
1	确定系统检查工作完毕，并已经将所有发现的问题解决
2	调整支路阀门开启状态，确保末端流量与一台水泵流量相匹配
3	单台点动水泵，检查电机的旋转方向是否正确
4	所有水泵确认无反转后，开始单台启动泵
5	判断水泵运行声音是否正常，测试噪声，确定是否在设备技术文件要求范围内
6	核查电流是否过载
7	试运行水泵不少于 2 小时，运行过程中，检查轴承温度是否正常
8	进行单机测试：记录电流、电压、测试转速、测出流量
9	检查水泵进出口压力是否正常

（2）冷却塔单试运转及测试步骤（表 8-5）

冷却塔单机测试项目表 表 8-5

序号	单 机 测 试 项 目
1	确定系统检查工作完毕，并已经将所有发现的问题解决
2	开启要调试的冷却塔的进出口阀门，确定其他塔的进出口阀门关闭
3	点动冷却塔风机，检查风机的旋转方向是否正确
4	测定风机的电机启动电流和运转电流，不应超过额定值
5	风机正常后，启动一台冷却泵；冷却塔运行时本体应稳固、无异常振动，各类紧固件均无松动
6	测试运行时的噪声，结果应符合设备技术文件的规定
7	冷却塔风机与冷却水系统循环试运行不少于 2 小时，运行应无异常情况
8	确定以上问题无误后，进行下一台冷却塔的试运转与测试
9	进行单机测试：记录电流、电压、测试转速、测出流量、风量

（3）制冷机组单试运转及测试步骤（表 8-6）

序号	单 机 测 试 项 目
1	确定系统检查工作完毕，并已经将所有发现的问题解决
2	开启要调试的冷水机组的进出口阀门
3	启动一台冷却塔，并开启此塔的进出口阀门
4	启动与一台冷水机组所提供负荷相符的末端设备
5	分别启动相对应的冷却水循环泵和冷冻水循环泵
6	在厂家的配合下启动冷水机组
7	检查冷水机组的各项参数
8	测试冷冻水和冷却水流量、压力、温度及电流，应达到设计要求
9	确定冷水机组运行时本体稳固、无异常振动，各类紧固件均无松动
10	测试运行时的噪声，结果应符合设备技术文件的规定
11	确定以上问题无误后，进行下一台冷水机组的试运转与测试

2. 水泵的联动及平衡调试验

空调冷冻水系统和空调热水系统的调试方法相同：

首先对二次空调水系统进行联动调试。将末端支管及空调设备的所有阀门打开，逐台启动循环水泵，待管道上压力表读数稳定后，记录读数，算出水泵扬程，依次测试水泵电流，没问题后测量流经每个水泵的流量；水泵并联运行后，流量分配会发生变化，用手动阀门调整，相差范围在 10% 为佳，调整过程中要注意压力表数值变化及总流量变化，控制在设计值的 10% 以内。

调试完空调二次水系统后，以同样的方法调试空调一次水系统。

3. 冷水机组联动及平衡调试

由于在单机调试时已使单个机组的运行达到要求，所以联动时只需要用阀门将流经各个冷水机组的流量平衡即可。

先将所有冷水机组的进出口阀门打开，但是并不启动冷水机组，然后逐台启动循环水泵，用超声波流量计测出流经每台冷水机组的流量，然后根据数值调节阀门，最终使各路流量平衡。

冷水机组联动运行必须在所有系统调试完毕后进行，并且要选择环境负荷满足冷水机组同时运行的要求时进行，即负荷较大的季节（6～9 月）。在一个完整的系统中，首先启动 AHU 和空调末端设备、冷却塔，然后启动冷冻水循环水泵、冷却水循环水泵，最后逐台启动冷水机组。待运行稳定后，测试、记录流经每台冷水机组的流量以及冷冻水和冷却水的进出水温度、电压、电流；测试、记录流经每台冷却塔的流量以及进出口空气的干湿球温度。整个系统停止运行时，应先关闭制冷机，然后再关闭 AHU 和末端设备、冷冻水循环泵、冷却水循环泵、冷却塔。

三、防排烟系统调试

防排烟系统调试的前提条件及调试内容见表 8-7。

防排烟系统调试内容表 表 8-7

系统分类	部位	调试前提条件	调试内容
正压送风系统	楼梯间	楼梯间门全部安装好； 风机处旁通阀关闭	单机测试及楼梯间正压测试
	合用前室	前室门全部安装好； 按消防规范要求，同时开启三层的正压送风口； 风机处旁通阀关闭	单机测试及前室正压测试

系统分类	部位	调试前提条件	调试内容
排烟系统	地下	控制柜高低速均能控制； 按消防要求，打开一个防火分区的防火阀或排烟风口	单机测试及各排烟口排烟量的测试
	地上	按消防要求，打开排烟系统的某一个防火分区的防火阀或排烟风口	单机测试及各排烟口排烟量的测试

四、锅炉试验、调试

1. 锅炉水压试验的步骤和验收标准

向炉内上水：打开自来水阀门向炉内上水，待锅炉最高点的放气管见水汽后（空气排净），关闭放气阀，最后把自来水阀门关闭。用试压泵分2～3次缓慢升至额定出水压力，停压检查，检查有无漏水或异常现象；然后再升至试验压力，保持20分钟，再降至额定出水压力进行检查，压力降不超过0.05MPa为合格；水压试验完毕应填写水压试验签证书，经有关各方面签字盖章后存档。

2. 烘炉和煮炉

（1）前期检查

烘炉和煮炉前，必须仔细检查锅炉是否具备烘炉和煮炉的条件，检查项目如表8-8。

锅炉烘炉和煮炉检查项目 　　　　表8-8

序号	检 查 项 目
1	给水设备试运转要正常
2	入孔是否严密，附属零部件装置是否齐全
3	烟囱是否畅通，烟箱及烟囱耐火保温层是否完整
4	进、出水管路和排水管路是否完整，热工仪表校验是否完成
5	防爆口、清灰口是否严密

若上述情况均已完成，则各部件之间具备安全启动的条件，即可进行烘炉和煮炉。

（2）烘炉和煮炉的目的及方法

新锅炉使用前应进行烘炉，其目的在于使锅炉烟箱内耐火保温层能够缓慢的干燥，在使用时不致损裂；煮炉主要目的是清除锅筒内部的杂质和油垢，煮炉时锅筒内需加入适当的药品，使炉水呈碱性，以去掉油垢等污物。

煮炉可用碳酸钠和磷酸三钠，其用量为锅筒容积每立方米3千克；如果无磷酸三钠，可用磷酸钠代替，其用量为每立方米5千克；单独使用磷酸钠时，每立方米6千克。煮炉时，上述药物应配成浓度20%的均匀溶液，不得将固体药品直接加入锅筒。

根据设备情况，烘炉和煮炉可同时进行。具体操作步骤如表8-9。

锅炉烘炉和煮炉操作步骤 　　　　表8-9

序号	操 作 步 骤
1	锅炉注满软化水后（已加药），启动燃烧器，微火将锅水温度缓慢升至95℃，此过程需要48小时
2	保持锅水温度95℃而不沸腾，应经常打开锅炉上部集气罐上的排气阀，使锅炉内空气和蒸汽向外排出，此过程需要12小时
3	熄灭燃烧器，使水温缓慢下降，待水温降至50℃以下时，开启排污阀，至全部放出为止
4	待锅炉冷却后，开启入孔，用清水冲洗锅筒内部，并进行检查，如发现仍有油垢，应按上述方法再次进行煮炉，直至锅筒内部没有油垢为止

煮炉合格后，应用水对锅炉和接触过药液的阀门等进行冲洗，并清除沉积物；煮炉过程中，注意填写"煮炉记录及签证"。

（3）调整安全阀

安全阀调整方法：先拆下安全阀上盖的开口销，松开顶丝，取下上盖，用扳手松开六角锁紧螺母，然后拧动调节螺杆使弹簧放松或压紧来实现规定的开启压力。在调整时，观察压力表的人要和调整的人配合好，当调整好后可将六角螺母拧紧，装妥其他零件。调整后的安全阀应无漏气和冲击现象。

（4）锅炉试运行

锅炉试运行前，应编制安全技术方案，且具备表 8-10 所示的条件。

锅炉试运行检查项目表   表 8-10

序号	检 查 项 目
1	施工班组提供的各阶段安装记录、验收技术资料是否齐全
2	锅炉房的布置与设计是否相符；设备、管道安装是否良好
3	安全阀附件安装是否合理、灵敏可靠；控制系统和仪表调试是否合格
4	锅炉各受压元件的强度和严密性是否合格
5	燃烧是否稳定；保温质量是否合格
6	水处理设备、锅炉补水水质是否符合国家标准
7	烘炉和煮炉记录、安全阀调整记录是否齐全
8	锅炉辅机设备制造质量是否合格

锅炉连续 48 小时试运转：安全阀调整完毕后，锅炉应全负荷连续试运转 72 小时，以运行正常为合格。当限于条件时，应与有关单位确定，以最大负荷运行。试运行完毕，应填写试运行验收记录。

第二节　电气系统调试

一、电气常规测试

1. 电源质量检查

采用钳形电流表（含万用表）和低压电气综合测试仪对主电源进行检测，确保电源电压稳定、频率正常、振荡谐波规则。在确保电源质量良好的情况下，方可对下级配电箱柜及设备送电。

2. 回路性能检测

（1）低压电缆（线）的绝缘测试

应测量以下各处的绝缘电阻：

——依次在每两个带电导体之间进行，每次测 2 根。

注：这种测量实际上只能在装置安装期间接上用电器具之前进行。

——在每一带电导体和地之间。

注 1：在 TN-C 系统中，PEN 导体被视作大地的一部分。

注 2：在此项测量期间，相导体和中性导体可连在一起。

在断开用电器具时，以表 8-11 所列的测试电压测得的每一回路的绝缘电阻不小于表中所列的相应值，即认为是满足要求的。

绝缘电阻测试最小值要求   表 8-11

标称回路电压（V）	试验电压（V）	绝缘电阻（MΩ）
500V 及以下	500	≥0.5
500V 以上	1000	≥1.0

1kV 电缆选用 1kV 兆欧表对电缆进行测试，绝缘电阻应在 10MΩ 以上。中间接头处的绝缘电阻应大于 500MΩ。

低压电缆在安装前应进行首次线路绝缘测试。在电气器具、电箱全部安装完成后（送电前）进行电缆的第二次绝缘测试，此时要将线路上的开关（断路器）、仪表、设备等器具全部置于断开位置，确认绝缘测试无误后再进行送电试运行。

电线线路的绝缘测试一般选用 500V、量程为 0～500MΩ 的兆欧表。

测量线路绝缘电阻时，兆欧表上有三个分别标有"接地（E）"、"线路（L）"、"保护环（G）"的端钮，应将被测两端分别接于 E 和 L 两个端钮上。

电线测试时，应将灯头盒内的导线分开，将开关盒内导线连通，将干线和支线分开，一人测试，一人及时读数并记录。

（2）封闭母线绝缘电阻及交流耐压测试

——绝缘测试：封闭母线组装前应逐段进行绝缘测试，绝缘电阻值应大于 20MΩ。安装完成后，正式送电前应进行第二次绝缘测试，相间和相对地间的绝缘电阻值应大于 0.5MΩ。

——交流工频耐压试验：试验电压为 1000V，配电装置耐压为各相对地。当绝缘电阻值大于 10MΩ 时，可采用 2500V 兆欧表遥测代替，试验持续时间为 1 分钟，无击穿闪络现象为合格。

（3）主回路导体连接质量的检验（节点温度测试）

对于 630A 及以上大容量导线或母线的连接处，在设计计算负荷运行情况下，采用红外测温仪进行测试，要求母线与母线连接处的极限温升不宜超过 50K，铜搪锡与铜搪锡连接处极限温升不宜超过 60K。

国际电工委员会 IEC 标准 423 部分规定：在伸臂范围内的设备，其易触及部分在正常工作时的温度限值应符合表 8-12。

主回路导体正常工作温度限值　　　　　　　　　表 8-12

易触及部分	易触及表面的材料	最高温度（℃）
操作时手握的部分	金属的	55
	非金属的	65
易触及的非手握的部分	金属的	70
	非金属的	80
正常操作时不必触及的部分	金属的	80
	非金属的	90

3. 功能性测试

（1）开关及插座性能检测

检查照明开关安装位置是否便于操作，通过验电器测试，确保相线经过开关控制，否则调整。

对于双联及以上级照明开关，需抽样检测接线情况，禁止在开关接线端子上串接电源。

对于单相三孔、三相四孔及三相五孔插座，要采用专业验电器测试，保证接地（PE）或接零（PEN）线接在上孔，面对插座的左孔应与零线连接，右孔与相线连接。

（2）电动器件（电动阀类、温控器、传感器、电磁阀、三速开关、电动操作机构等）的检测

检查电动器件接线是否良好，保证器件动作与电源电压、控制信号匹配。

对于温度控制开关，应检查其功能按钮是否与执行机构动作情况对应，同时可模拟环境温度，以检测温度感应功能是否正常。

（3）按钮、指示灯、仪表、熔断器等功能检测

检查配电箱柜控制按钮，确保满足操作功能需要，指示灯能够正常显示状态，熔断器绝缘良好，通路正常。

（4）断路器及脱扣器性能检测

测量断路器主触头的三相或同相各断口分、合闸的同期性，应符合产品技术条件的规定。

测量断路器分、合闸线圈及合闸接触器线圈的绝缘电阻值不应低于 $10M\Omega$，直流电阻值与产品出厂试验值相比，应无明显差别。

断路器操动机构的性能检测，应符合下列规定：

当操作电压为 $85\%\sim110\%U_n$ 时，操动机构应进行可靠合闸的操作。

直流或交流的分闸电磁铁，在其线圈端钮处测得的电压大于额定值的 65% 时，应可靠地分闸；当此电压小于额定值的 30% 时，不应分闸。

附装失压脱扣器的，其动作特性应符合表 8-13 的规定。

附装失压脱扣器的脱扣试验动作特性　　　　　　　　　　　　表 8-13

电源电压与额定电源电压的比值	小于 35%	大于 65%	大于 85%
失压脱扣器的工作状态	铁芯应可靠地释放	铁芯不得释放	铁芯应可靠地吸合

附装过流脱扣器的，其额定电流规定不小于 2.5A，脱扣电流的等级范围及其准确度，应符合表 8-14 的规定。

附装失压脱扣器的脱扣试验电流要求　　　　　　　　　　　　表 8-14

过流脱扣器的种类	延时动作	瞬时动作
脱扣电流等级范围（A）	2.5～10	2.5～15
每级脱扣电流的准确度	±10%	
同一脱扣器各级脱扣电流的准确度	±5%	

在额定电压下对断路器进行就地或远控操作，每次操作断路器均应正确、可靠地动作，其联锁及闭锁装置回路的动作应符合产品及设计要求。

直流电磁或弹簧机构的操作试验，应按表 8-15 的规定进行。

直流电磁或弹簧机构的操作试验　　　　　　　　　　　　表 8-15

操作类别	操作线圈端钮电压与额定电源电压的比值（%）	操作次数
合、分	110	3
合闸	85（80）	3
分闸	65	3
合、分、重合	100	3

（5）双路电源互投装置的测试（表 8-16）

双路电源互投装置测试方法　　　　　　　　　　　　表 8-16

类别	测 试 方 法
手动测试	先将正常电源及应急电源开关分闸，将被检测开关动作状态旋至手动位置，将两路开关储能，然后按正常供电开关使之合闸，使用万用表测量开关同相两端接通；然后按应急开关合闸，而应急开关不会合闸，这是因为正常供电开关与应急开关之间有机械联锁，保证两路电源不会同时供电；同样，先按应急开关使之合闸，然后按正常电源开关也不会合闸
自动测试	在自动调试前，首先将正常供电及应急供电开关置于分闸位置，检查一切正常后，将被检测开关动作状态旋至自动位置；将正常电源及应急电源送电，正常供电开关自动合闸，指示灯显示正常供电；然后将正常电源关闭，应急供电开关自动合闸。指示灯显示应急供电；然后恢复正常电源，则应急开关自动分闸，正常供电开关自动合闸；上述试验完成后，再进行"试验按钮"测试，在两路供电电源同时受电的情况下，操作试验按钮，即模拟正常电源失电，正常供电开关分闸，而应急供电开关合闸；再次操作试验按钮，即模拟正常电源恢复供电，则应急开关分闸，正常供电开关合闸

（6）接触器、继电器、选择开关的检测

——接触器检查：检查接触器吸合和释放是否迅速灵敏，辅助触点动作是否准确，吸合后是否噪音过大。

——热继电器整定调节：将热电器的电流调节旋钮调到最大值，然后通入 1.05 倍负载额定电流（若为电动机，即电动机的额定工作电流），持续 2 小时，接着把电流提升到 1.2 倍额定电流，再稳定 3～5 分钟，用螺丝刀将整定电流调节旋钮按反时针方向轻轻地向小整定值方向转动，直至热继电器动作，并立刻断开试验电源，让热继电器冷却并复位，一般间隔 1 小时，再重复上述试验，直至热继电器在 1.2 倍负载额定电流状态下，能够在 30 分钟之内动作为止。对已调好的热继电器，若要试验其断相动作特性，可将任意两相串联，冷态直接通入 1.15 倍负载额定电流，热继电器应在 30 分钟之内动作即可。

——选择开关检查：手动操作，检验动作是否灵敏。

（7）剩余电流动作保护器 RCD（漏电保护断路器）的模拟测试

为保证安全，当电气装置或相关的导线出现故障时，RCD 必须在某一特定的时间内跳闸。所以在其正式使用前，必须要进行必要的性能检测，包括跳闸时间、接触电压等。以 MI2121 型漏电开关测试仪（国际通用仪器）为例，具体接线方法见图 8-1。

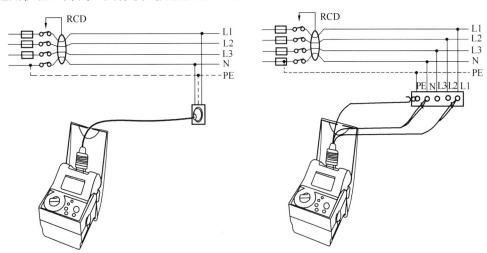

图 8-1　MI2121 型漏电开关测试仪接线示意图

按图 8-1 所示，将测试导线连接到测试设备后，用旋钮开关按钮选择适当的功能（t/IΔN×0.5、t/IΔN×1 或 t/IΔN×5）；在"UC，RL"功能中应考虑只可以选择电压极限值（25 或 50V）；用"IΔN/up"键选择适当的额定差动电流 IΔN（10、30、100、300 或 500mA）；按"START（启动）"键，并等待测量完成。

注意：按两下"START（启动）"键将改变测试电流的起始极性，读取显示结果（跳闸时间）；按一下"DISP/Ulim"键可以查看中间结果（在设定额定差动电流下的接触电压——标准型 RCD，或在两倍于设定的额定差动电流下的接触电压——任选型 RCD）；按两下"DISP/Ulim"键可以预置接触电压极限值；用"MEM"、"IΔN/up"和"TYPE/down"键可以任意保存结果。

（8）软启动的检测（变频、降压等）

设置电机的功率、极数，要综合考虑变频器的工作电流，设定变频器的最大输出频率、基频，设置转矩特性。将变频器设置为自带的键盘操作模式，按运行键、停止键，观察电机是否能正常地启动、停止。

二、照明及动力系统调试

1. 大型灯具的固定及悬吊装置的过载试验

检查大型灯具吊钩圆钢直径，不应小于灯具挂销直径，且不应小于 6mm。

大型花灯的固定及悬吊装置，应按灯具重量的2倍做过载试验48小时。

2. 建筑物主要房间内照度的测定

（1）测定点的确定

整体照明：在无特殊要求的公共场所中，测定面的高度为地面以上80～90cm；一般大小的房间取5个点（每边中点和室中心各一个点）；场地面积较大的区域，可采用等距离布点法，一般以每100m²取10个点为宜。

局部照明：楼梯间、走廊及过道等因狭小或因特殊需要的局部照明情况下，亦可测量其中有代表性的一点。由于有些情况是局部照明和整体照明兼用的，所以在测量时，整体照明的灯光是开着还是关闭，要根据实际情况合理选择，并要在测量结果中注明。

（2）计算结果

对于多个测定点的场所，用各点的测定值求出平均照度，必要时记录最大值和最小值及其点的位置，而对于一个点的测定结果则直接测定。

3. 智能照明系统检测

在智能照明系统线路、设备及线路测试合格后，指导电气安装人员将供电电缆接入灯光控制主机内，根据业主及设计要求对系统内的模块、面板、探测器、定时器等元件进行程序编写。另外安装控制室内PC机控制系统时，要做好控制页面，将所编好的程序输入系统内各元件中，分区域进行调试，测试各种场景能否正常工作。在调试中准备好对讲机，控制区域留一人，控制室留一人，每进行一步都要做好保存。并且在PC Winswitch系统上设置权限的管理界面。

4. 照明通电试运行

电气照明器具应对系统进行通电试运行，系统内的全部照明灯具均应开启，并持续供电24小时。运行时每2小时记录一次运行状态，系统的电源电压、负荷电等各项测量数值要填入试运行记录表内。

5. 动力试运行

低压电气动力设备试运行步骤：先试控制回路，后试主回路（先点动、后正式开动主传动电动机，要按先空载、后负载，先低速、后高速的原则）；先试辅助传动，后试主传动。

在试运行前，首先将待检查的动力电源控制箱（柜）全部切断，再检查动力电源配件组成部分，如：母线、电缆、紧固螺栓等，是否齐全，且按图纸接线正确。检查各开关、继电器、接触器、按钮、指示灯等元器件是否绝缘良好，柜体各金属部位是否接地良好。

断开电气线路的主回路开关出线处，电动机等电气设备不受电，接通控制电源，检查主回路进出线是否缺相，各部的电压是否符合规定，信号灯、继电器等工作是否正常。

操作各按钮或开关，相应的各继电器、接触器的吸合和释放都应迅速，各相关信号灯指示要符合图纸要求。

用人工模拟的方法试动各保护元件，应能实现迅速、准确、可靠的保护功能；手动各行程开关，检查其限位作用的方向性及可靠性；对设有电气联锁环节的设备，应根据原理图检查联锁功能，见表8-17。

电动机试运行表

表8-17

试验内容	试验标准或条件
检查转向和机械转动	电动机旋转方向应符合要求；转速应与额定数值接近
空载电流和电压	电动机的第一次启动在空载下运行，首先点动，无问题时，再空载运行2小时；开始运行后每隔1小时要测量并记录其电源电压和空载电流；空载电流一般为额定电流的30%（指异步电动机）以下
机身和轴承的温升	检查电动机各部温度，不应超过产品技术条件的规定；空载运行时，滑动轴承温度不应超过45℃，滚动轴承温度不应超过60℃；负载运行时，滑动轴承温升不得超过80℃，滚动轴承温升不超过95℃

试验内容	试验标准或条件
声响和气味	声音应均匀，无异声； 无异味，不应有焦煳味或较强绝缘漆气味
可启动次数及间隔时间	应符合产品技术条件的要求；无要求时，连续启动两次的时间间隔不应小于5分钟，再次启动应在电机冷却至常温情况下进行
有关数据的记录	应记录电流、电压、温度、运行时间等有关数据，符合建筑设备或工艺装置的空载状态运行要求
运行电压、电流，各种仪表指示	检测有关仪表的指示，并做记录，对照电气设备的铭牌标示值查看有否超标，以判定试运行是否正常

三、防雷接地系统检测

1. 接地极电阻的测试（表 8-18）

接地电阻测试方法示意图

表 8-18

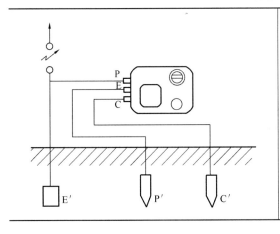	如左图所示，沿被测接地极 E′使电位探测针 P′和电流探测针 C′依直线彼此相距 20m，插入地中，且电位探测针 P′要插入接地极 E′和电流探测针 C′之间；用导线将 E′、P′、C′分别接于仪表上相应的端钮 E、P、C 上

2. 接闪器的检测

接闪器保护范围的方法按 GB 50057—2010 提供的滚球法确定。

确定接闪器的保护范围、需要测量接闪器的高度、被保护设施的高度、被保护设施与接闪器的水平距离等数据。

根据被保护设施的重要性，确定对应的滚球半径。

计算避雷针、避雷带、避雷线等接闪器对电子系统的保护范围。

3. 等电位的检测

以与建筑物接地装置有直接电气连接的金属体为基准点，使用绝缘电阻测试仪测量电子系统各设备的金属外壳、机架、屏蔽槽等金属体与基准点之间的过渡电阻值。

等电位连接测试用电源可采用空载电压为 4～24V 的直流或交流电源，测试电流不应小于 0.2A，若等电位联结端子板与等电位联结范围内的金属管道等金属体末端之间的电阻不大于规定值，可认为等电位联结是有效的，如发现导通不良的管道连接处，应使用跨接线。

下列各处宜作为等电位连接测试的基准点：

电子系统机房的接地基准点（ERP）；

强弱电竖井内的接地母线或局部等电位端子（LEB）；

建筑物顶面的电气设备预留接地端子；

防雷引下线；

电源配电柜（箱）的 PE 线；

建筑物总等电位端子（MEB）或接地预留测试端子；

建筑物均压环预留端子。

4. 电涌保护器（SPD）的检测

直接记录 SPD 的品牌、型号、冲击电流峰值（Ipeak）、标称放电电流（In）、最大放电电流（Imax）、最大持续工作电压（Uc）和电压保护水平（Up）。

测量时将 SPD 与电路脱离，使用防雷器件测试仪测量其标称启动电压（U1mA）、漏电流参数。

使用具有微安级测量功能的钳型电流表，保持 SPD 正常接入电路，在线测量流过 SPD 的电源侧及接地侧连接线的工频泄漏电流值。

5. 接闪带支架的拉力试验

接闪带的每个支持件应进行垂直拉力试验，支持件的承受垂直拉力应大于 49N（5kg）。

第三节　给排水系统调试

一、供水管道水压试验

1. 试压条件

对给水管道、热水管道、中水管道及压力排水管道等进行管道水压试验。水压试验前，检查暗装和嵌墙安装的管道，应符合规范要求；管道支吊架应已经全部安装完毕，并符合规范要求。

2. 试压步骤（表 8-19）

管道水压试验步骤　　　　　　　　　　　　　　表 8-19

序号	步　骤　说　明
1	将试压管段末端封堵，缓慢注水，将管内气体排出
2	待整个系统注满水后，进行水密性检查，以不漏水为合格
3	检查合格后对管道系统加压，宜采用手动泵缓慢进行，升压时间不应小于 10 分钟，升至规定的试验压力后停止加压，观察 10 分钟，压力下降不得超过 0.02MPa
4	将试压压力降至工作压力，对管道进行外观检验，以不漏为合格

3. 管道水压试验的方法

按照工程特点进行试验段的划分：

地下层主干管，每个供水区域底层至顶层立管；

每层水平干、支管及末端装置分别为一段。

试压范围选定后，对本范围的管路进行封闭，将不参与试验的设备、仪表及管道附件隔离。在试验段最高点及可能存留空气处设置排气阀，在最低点设泄水阀，并接临时泄水管道至地漏或排水沟。

试验水源为工程临时用水水源，需要利用每层设置的用水点。

试压前先检查管路封口盲板及管路是否连接完好，注水从试验段底部缓慢注入，等最高点放气阀出水，确认无空气时再打压。打压至工作压力时，检查管路及各接口、阀门有无渗漏，如无渗漏再继续升压至试验压力；如有渗漏，应及时修好，再次打压；如均无渗漏，在规定的持续时间内，若其压力下降在允许范围内，则试验为合格。

试压泄水关系到电气安全、成品保护及地下室的干燥问题。在试压后，地上部分在阀门处接临时泄水管线，排至室外排水沟或进行二次利用，地下部分泄水排至集水坑，由潜水泵排出。

二、排水管道灌水试验

生活污水、废水管道在隐蔽前必须做灌水试验，其灌水高度应是一层楼的高度，且不低于上层卫生器具排水管口的上边缘，满水最少 30 分钟。满水 15 分钟水面下降后，再灌满观察 15 分钟，若液面不下降，管道及接口无渗漏，则为合格。

试验步骤如表 8-20。

排水管道灌水试验步骤

表 8-20

序号	步 骤 说 明
1	地漏灌水至地坪用水器具排水管甩口标高处，打开检查口，需伸入排水管检查口内胶管的长度，并在胶管上做好记号，以控制胶囊进入管内的位置
2	用胶管从方便的管口向管道内灌水，边灌水边观察水位，直到灌水水面高出地面为止停止灌水，记下管内水面位置和停止灌水时间，并对管道、接口逐一检查；从开始灌水时即设专人检查易跑水的部位，发现堵盖不严或管道出现漏水时，均应停止向管道内灌水
3	停止灌水 15 分钟后，如未发现管道及接口渗漏，再次向管道内灌水，使管内水面回复到停止灌水时的位置后，第二次记下时间
4	在第二次灌满水 15 分钟后，对管内水面进行检查，水面位置没有下降，则管道灌水试验合格；试验合格后，排净管道中积水，并封堵各管口

三、排水管道通球试验

排水主立管及水平干管均应做通球试验，通球球径不小于排水管道管径的 2/3，且通球率必须达到 100%；

通球试验应从上至下进行，以不堵为合格；

胶球从排水立管顶端投入，注入一定水量于管内，使球能顺利流出为合格；

通球过程如遇堵塞，应查明位置，进行疏通，直到通球无阻为止。

四、管道冲洗试验

在系统试压合格后，交付使用前进行冲洗试验，冲洗应以有压生活用水进行冲洗，直至水中不带泥沙、铁屑等杂质，且出口处水的颜色、透明度与入口处水的颜色基本一致时方为合格。

清洗前应将管路上阻碍污物通过的部件拆下，同时对管道支架、吊架进行检查，必要时应采取加固措施，对冲洗后可能存留脏物、杂物的管道段应进行清理，清洗合格后再装上拆下的部件。

五、生活给水管道消毒

生活饮用水系统在试压和冲洗合格后、交付使用前必须进行消毒，并经有关部门取样检验，符合国家《生活饮用水标准》方可使用。

管道的消毒应用每升水中含 20～30mg 的游离氯的水灌满进行消毒，含氯水在其中留置 24 小时以上，消毒后再用饮用水冲洗，并经卫生检疫部门取样检验合格后方可使用，常用的消毒剂为漂白粉。

管道试压、冲洗完毕后，有组织地由泄水装置进行放水。

六、排污潜水泵的调试

把潜水泵平稳地安放在集水坑的底部，并检查潜水泵与排水管道之间的卡口是否连接牢固。

液位控制器调整到设计要求的水位高度，并检查反应是否灵敏。

检查阀门和止回阀是否严密，安装方向是否正确。

拉上自动控制箱的电源，向集水坑注水，使其达到要求的水位，测试液位自动控制装置的动作，并做好调试记录。

在调试期间，派专人 24 小时值班，确保地下室集水坑中的水及时排出室外，避免其他设备被浸没。排污泵的管道应填写试压强度试验记录。

七、给水泵单机试运行

1. 试运转步骤（表 8-21）

水泵单机测试步骤 表 8-21

程序	步 骤 说 明
启动前	应打开风罩，先用手盘车，查看是否灵活；打开进口阀门、排气阀，使水充满泵腔，然后关闭排气阀；点动电机，确定转向是否正确
运行	全开进口阀，关闭出口管路阀门；接通电源，当泵转速达到正常后，再打开出口管道阀门，调节到所需的工况点；观察泵运行后有无异常情况，如有异常情况应立即停车检查，处理后再运行
停车	逐渐关闭出口阀门后，切断电源；关闭进口阀；如环境温度低于 0℃，应采取保暖措施

2. 注意事项（表 8-22）

水泵单机测试注意事项 表 8-22

序号	内 容 说 明
1	检查泵上油杯，往孔内注油，盘动联轴器；盘车应灵活、无异常现象；地脚螺栓应无松动
2	确定各润滑部位已加注润滑油，需要冷却的部位已加注冷却油
3	各指示仪表、安全保护装置及电控装置均应灵敏、准确、可靠
4	电机的转向应与泵的转向相符；未通电前，拆下连接盘（靠背轮）连接螺丝，通电后检查电机转动方向，转动正确后，再进行连接，避免反转
5	离心水泵必须先灌满水才能开动，不应空转；水泵中心比吸水面低时，不要灌水，只需将泵内空气放净即可；如果水泵中心比吸水面高，应先打开吸入管路阀门和放风嘴，关闭排出管路阀门，待放风水嘴有水涌出，转速正常后，再打开出口管路的阀门，并将泵调节到设计工况
6	水泵在闭闸情况下启动，运行时间一般不应超过 2~3 分钟，如时间太长，则泵内液体发热，会造成事故，应及时停车

水泵试运转时电动机温升、水泵运转、压力表及真空表的指针数值、接口严密程度等应符合标准规范要求，具体要求如表 8-23。

水泵试运转检测项要求 表 8-23

序号	要 求 内 容
1	运转中不应有异常振动和声响，各静密封处不得泄漏，紧固连接部位不应松动；轴承温升必须符合设备说明书的规定
2	水泵的安全保护和电控装置及各部分仪表均应灵敏、准确、可靠
3	水泵在设计负荷下连续试运转时间不应少于 2 小时
4	电动机的电流和功率不应超过额定值

八、给水变频泵组的启动程序

假设盥洗水变频泵组为两用一备，假设水泵分别为 1 号、2 号、3 号，启动运行程序如表 8-24。

给水变频泵组的启动程序表

表 8-24

序号	程 序 说 明
1	确认各接线正确无误后，合上柜内空气开关，电源指示灯亮（红色），变频器显示为"00.0"，再按下启动键，柜内继电器吸合，设定压力、实际压力均有显示，控制方式选为自动工作状态，大约 40 秒后 1 号泵开始起动
2	用水量较小（压力未达到设定压力）时，1 号泵变频运行
3	用水量增大，超过 1 号泵的额定流量（压力达到设定压力）时，1 号泵工频运行，2 号泵投入运行（变频）
4	当用水量均达到 1 号、2 号泵的额定流量，1 号、2 号泵工频运行
5	用水量减小，2 号泵工频运行，1 号泵变频运行
6	当用水量小于 2 号泵的额定流量时，1 号泵停，2 号泵变频运行
7	用水量增大，超过 2 号泵的额定流量时，2 号泵工频运行，3 号泵投入运行（变频），如此周而复始；1 号、2 号、3 号泵互为备用，先开先停；同时可编程设定各泵投入运行的次序，以避免因单个水泵运行时间过长而出现故障

第九章　优质工程申报资料制作

第一节　摄影图片集策划与实施

一、摄影基本要求

建议聘请专业建筑摄影师来完成工程图片集的制作，通过专业摄影师的镜头，可以更完美、逼真地再现工程的重点部位与细节，可以保证照片的清晰度及分辨率，可以保证图片的艺术质量，使照片效果来源于现实而又高于现实。广角镜头、移轴镜头的广泛使用，既能全面展示较狭小的空间，又减少画面发生变形，将工程的建筑设计风格较真实地反映出来。

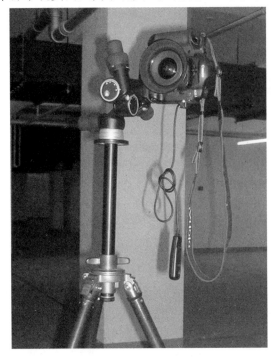

图 9-1　数码摄影设备

由于实行网上数码格式申报，建议采用具有 1700 万像素分辨率以上的数码相机，配合移轴镜头，可以使照片达到很好的效果。三脚架最好带有两个方向的水准管、微调水平旋钮，保证画面不发生倾斜，使用低色散的各种固定焦距移轴镜头，可以保证图片为标准的透视关系，见图 9-1。基本上不需要闪光灯，摄影灯需要 2～4 盏（800 瓦），需要配备足够的电源以满足光线昏暗的房间的采光要求及消除管道复杂部位的阴影。配合若干人员进行现场保洁工作，使拍摄部位尽量完美、整洁。

摄像师与专业设备齐备，还应该选择有利的拍摄时间，使工程得到最完美的展现。原则上竣工之后越早拍摄越好，因为有些部位虽不会在一两年内发生质量问题，但随着风吹日晒，会逐渐显得陈旧。在天气方面，室外拍摄建议选择晴朗的早晨，室内的部分与天气没有太大关系，在保证画面洁净、无污染，质量为前提的基础上，能够反映质量特色，即可拍摄。

在拍摄前罗列拍摄部位，选好行走路线，避免在一处反复拍摄，提高效率。由于相机的分辨率很高，拍摄部位在取景器内的墙、地、顶及机电设备、管线的细节都必须清理到位，不可马虎，甚至一粒小沙粒出现在画面内都会被误认为是材料上的缺陷，引起不必要的误会，显得工作做得不够仔细。一些光线昏暗的房间，在清理时照度就要保证不低于正式拍摄时的光照强度，否则在拍摄时打开摄影灯后又会新发现一些细节或是清理不到位，或是有质量毛病而无法拍摄，也会影响到拍摄的进度。

二、图片集图片制作

制作一本精美的图片集对提高工程的形象有很重要的作用。一本图片集用二三十张图片将工程各个部位的特点与难点详尽地反映出来。下面介绍一下机电专业相关的创优图片的拍摄经过及注意事项。

1. 制冷机房

制冷机房要求做到设备安装整齐端正、牢固、隔振有效、运行平稳；供、回水管道位置、标高正确，排列整齐有序；管道支吊架构造正确、埋设平正牢固、排列整齐，支架与管子接触紧密；阀门启闭灵活，朝向合理，表面洁净；管道保温紧密、完整，色标正确、清晰，见图9-2。

2. 生活水泵房

生活水泵房是重点部位，应保证充足的照明，在各道工序施工精细的情况下，还应注意地面不应有积水或检修滞水的水痕。线槽不应有锈蚀，尤其是镀锌螺丝被划伤的部分及因螺栓过长被切割的断面。保温或防结露的缠裹应牢固，无松散现象，喷涂粘贴标识应清晰、牢固、整齐，设备电源线软管固定到位，排列整齐，设备上的保护膜需清除干净。吊架与墙面涂料分界要清晰，旋转扳手等部分锈迹应清除干净，见图9-3。

图9-2 制冷机房

图9-3 生活水泵房

3. 配电室

配电室内箱柜排列应整齐有序；电缆支托架间距要均匀、排列整齐、横平竖直；配电箱盘内接线要整齐，回路编号应齐全、正确，色标、挂牌标注清晰，接地（PE）或接零（PEN）设置应可靠；灯具内外要干净明亮，见图9-4。

4. 屋面避雷针及避雷带

摄影部位应重新刷银粉，避雷带应顺直，无弯折现象，避雷带卡子固定要良好，螺丝齐全，卡子与地面细石混凝土连接应牢固，无地面裂缝，银粉漆涂刷界限应清晰，地面无污染，见图9-5。

5. 电梯机房

清理干净电梯电机、吊钩、基础台、配电柜等设备上的浮土。因电梯多为甲方直接分包，过程中应加强质量控制，避免因电梯配电箱、线槽、接地等工序施工不到位而在图片上反映出来，见图9-6。

图9-4 配电室

6. 强电竖井

应做到光线充足，墙面整洁，阴阳角顺直，涂料无色差，上下封堵盖板平顺严密，线槽扣板与槽体连接严密，扣板间缝隙宽窄一致，无划伤，无锈迹，线槽拐角处焊缝均匀，电表箱透明观察窗保护膜揭掉，干净明亮，接线正确，固定牢固，线槽下方防水台方正、精致，无缺棱掉角，涂料边缘整齐，分界清晰。

图9-5 屋面避雷针及避雷带　　　　　　　图9-6 电梯机房

7. 管道排布

要求管道位置、标高正确，坡度符合设计要求。接口细腻，试验时无渗漏。支吊架构造应正确，埋设平正牢固，排列整齐，支架与管子接触紧密。标识清晰、整齐，穿墙、穿楼板套管部位的做法应符合规范要求，整齐美观，见图9-7。

图9-7 管道排布

8. 车库桥架

墙、地面干净整洁，无污染，无尘土，所有灯光全部打开，桥架细部、螺栓、跨接线精致无锈蚀，见图9-8。

图9-8 车库桥架

第二节　录像片拍摄

一、整个短片构思

本节优质工程录像片拍摄的内容以某项目整体工程（包括结构、装饰和机电等相关专业）为实例进行介绍，可供单独的机电安装工程创优借鉴。

第一部分：工程概况。解说词"被誉为原汁原味清水混凝土建筑的××××××公寓……"在画面中对应出现工程南、北、东立面的远景镜头，使观众（评委）从一开始就明确本工程的最大特点为"清水混凝土工程"，这样在接下来的画面中，观众就会以"清水混凝土结构"的一些标准来审视画面，因此能够更好地把握住重点，使观众一开始就可了解到本片的中心思想。短片接下来介绍工程的各方参建单位及工程概况，镜头以观众亲临现场巡视工程的视角，把工程的大致情况介绍清楚。观众看完第一部分之后应该有身临其境的感受，产生较浓厚的兴趣来了解工程的特点、难点及一些具体做法。

第二部分：工程特点与难点。短片开门见山地将工程的"清水混凝土"特点展开解释，突出"结构成品即装饰成品"是工程的与众不同之处。没有装饰抹灰、贴砖、干挂石材等后期做法，观众很容易联想到结构成品作为装饰成品有哪些优点，要想实现存在哪些困难，施工单位是如何策划并处理这些问题的。接下来画面出现一些复杂的建筑造型、精致的节点细部、庞大的建筑体量等，引出"结构实体精度达到装饰实体精度"这条结论性评语，紧扣优质工程"牢固、美观、耐久、细腻"的要求，更进一步地强调了本工程清水混凝土这个最大亮点。同时也为第三部分"优质策划"作了预先的铺垫。

第三部分：优质策划。这是短片的展开之处，所占篇幅最长，介绍最详细。限于总体不超过5分钟的时间要求，该部分的介绍原则上以结果为主，除极个别的创新过程可以略微展开，一般的做法就不需再赘述，因为是业内专家评审，只需点到关键点即可让人心领神会，没有必要占用太大的篇幅，本部分的叙述顺序是按照结构施工创新→室内贴砖→屋面→公共部分→车库、地下室→机电配合的顺序来介绍，这样的介绍顺序基本上也符合现场检查、复查的行走路线，与人们的惯性思维基本一致，不容易显得画面混乱。以下是本部分的几处重点：

结构期间的最大创新点在模板体系，而模板体系中又以十几项工艺革新为代表，因此短片就将结构期间的施工管理浓缩到几张固定的模板改进工艺的实物图片之中，并辅以动画，加深观众对工程采用"钢制大模板"（动画）及创新点（照片）来实现结构的高精度效果的印象，把本工程与一般工程的区别和优势体现出来。

屋面的特点是"清水风格"不刷涂料，与清水混凝土墙面相互辉映，浑然一体，这层意思通过一组全景镜头即可全面反映出来，无需额外解释说明。在出现上述画面的同时，文字讲述了屋面分格均匀、坡度准确等局部固定镜头，而使重点更显突出。

室内的镜头以反映厨卫间面砖及各专业设备的相互关系为重点，辅以栏杆、地面、五金等细部做法，镜头里只是反映了细部的对齐、居中、整砖等关系，文字配音则说明本住宅工程的贴砖量非常大，房间小，卫生洁具多，更加突出工程的难度大、对策划及深化设计要求更高的特点。

车库镜头也非常有特色，大面积的细石混凝土原浆压光地面，无空鼓、起砂、裂缝现象，但画面表述比较困难，因此用配音来补充。车库的桥架，风管的安装都非常精致，镜头在展示车库全景的同时即进行了表述，因此需选好摄像机的机位，在反映车库全貌的同时，一并展现日光灯成排成线，喷洒头位置标高准确，风管平顺，桥架弯起点美观、顺畅等特点，将车库内的土建、机电作为一个整体展现在镜头前。

第四部分：质量特色。本部分为总结性陈述，以数字、数量、精度等具体画面总结本工程为一个高难度的清水混凝土工程。

第五部分：取得成果。罗列获得奖项，说明工程对建筑领域的深刻意义，将申报优质工程的原因表述清楚。

二、素材拍摄具体策划

（1）确认拍摄机位。

用列表的方式列出拍摄的具体位置，比如：A3楼屋面，B2楼12层电梯前室等。

（2）清扫镜头范围内的墙、地、顶等，确认无质量缺陷及不精良之处。

镜头内的管道（油漆面层）应擦拭干净；有保温的管道注意不破损表面；地面灰尘较多时先用大功率专用吸尘器吸净地面，再用墩布拖净；有污渍的面砖表面用稀释后的盐酸清洗后，用水冲干净；局部锈蚀部位应除锈补漆；各种管线应标示清楚，整齐划一。

（3）遇到正在运转中的设备，如电梯机房的卷扬机、水泵房内的水泵，一定要注意安全，预防发生漏电、机械伤害等危险事故。

（4）摄录时应尽量避免地面电机等设备的震动对摄录画面带来抖动，在管道较多的房间内应准备一些摄影灯及足够的电源插头，尽量减少阴影面积，避免使画面显得过于凌乱。

三、现场镜头拍摄实例

1. 车库摄录实例

车库大面积场景的摄制前期准备：4000平方米车库地面吸尘，用湿墩布满拖一遍，将分格缝清理出红色塑胶的本色，更换个别损坏的日光灯管，检查镜头内油漆部分无锈蚀、水渍，无过长的螺杆丝头，准备临时电源用于吸尘，清扫汽车坡道上的垃圾及杂物，将坡道两侧的玻璃及铝合金框擦洗干净，相连的阳光棚上的雨水泥迹应清除，栏杆划伤处的锈迹要重新油漆。

录制三组镜头，第一组为从车库坡道下来，拐进车库大厅，镜头摇动90度，时间为3秒，第二组镜头为车库东西一百余米的通长方向上镜头从上摇到下，从下摇到上两个镜头，主题为显示车库的面积大，100多米分格缝通长顺直，分格均匀、美观，地面光滑，无裂缝。柱梁上线、梁柱接头精致。紧接着为第三组镜头，从分格缝的细部特写向上，摇镜头至柱根部，发现地面在柱根部周围断开，灌缝饱满，这个镜头要说明的问题是：第一，显示出分格间灌注的是塑胶，颜色红润，饱满平滑，与分格角钢边缘连接紧密，观感好于普通的沥青砂做法；第二，镜头上摇，这道胶缝顺镜头指引方向延伸到了柱根部，绕柱一周，向四个方向展开，表明车库地面的分格采纳了屋面的一些做法，突出地面部分均采用了断开处理，减少了裂缝出现的概率。

2. 石材地面大堂的摄录实例

首先应对石材大堂墙、地、顶做全面的清理，有条件的可对石材做一次"结晶"保养，也可对其进行打蜡处理。打蜡过后，人员在上面行走会破坏其光洁效果，因此摄录时间选择在下午6点下班之后；另外A2大堂的点式玻璃大堂，选择在7点前后的黄昏拍摄，使其画面达到室外深蓝色天空、室内白色灯光的效果，颜色比较饱满，视觉效果好。

在电梯厅的端头与尽头拐弯处布置两盏摄影灯，灯光朝墙通过漫反射将电梯厅照亮，灯光布置好之后，用湿墩布快速将打过蜡的地面过水拖一遍，通过镜头观看地面光洁无比，即开始摄录。应该注意这层水膜消失得很快，1~2分钟后由于此处温度较高，极易挥发而失去表面光泽，这时如果还没有录完，就需要再拖一遍。在全景录完之后，还需录制几处细节，比如墙面与顶棚交接处的做法，踢脚线地面之间的细部处理，可选择门垛处一个连续的墙面阴角和阳角，反映出石材的节点做法及拼缝严密的效果。

3. 厨卫间的摄录实例

总体原则：反映出房间内的相对关系，由于房间小，布置灯光和架设机器都比较困难，只能使用广角镜头来反映房间的全貌，但应注意摄像机的镜头位置不能靠墙太近，以免画面中墙面砖缝变形过大。整个房间应该保洁一新，必要时用稀释盐酸清洗，在摄录之前再用湿墩布拖地，使水泥勾的地砖缝变成深黑色，更显地面的整齐。

厨卫间、盥洗间内的镜前灯应该打开，洗手台盆下方的地漏等阴暗部位应该照亮，墙面上开关插座居中，门套占据整砖模数，都在镜头从上摇下的过程中予以体现。

用固定镜头反映地漏居中以及管卡套割、穿墙套管的情况，并将这些固定镜头穿插至全景镜头之中，使之与解说词相互对应。

4. 摄录总体要求

全过程使用的三脚架为带有阻尼的三脚架，务必不要使镜头在摇动过程中产生振动，且速率一致，见图9-9、图9-10。

画面处理：在摄录前与摄像师进行充分的沟通，使其选择的画面符合建筑方面的审美观点和工程技术角度的实际需求。外接监视器很有必要，制片人（施工单位技术负责人）可以与摄像师通过监视器屏幕进行时时沟通，比如摄像师的构图、视角，都有可能与技术负责人需要展示的重点不一致，起始点（摇镜头时起幅）也应由技术负责人予以确认。在光线较阴暗部位应有足够的额外照明，应提前确认电源位置，并尽量隐藏拖地电源线，避免影响画面的效果。选择一个有经验的摄像导演对提升整个录像的专业水平有很大的帮助。

图9-9　摄录现场

图9-10　摄录现场

四、后期制作

1. 配音

前期摄录工作完成之后，就进入了后期制作阶段，见图9-11。因为片长不是很长，一般是全部采集至非线性编辑电脑内，以备剪辑。

在录音棚内，由配音人员录制5分钟的解说词，一般需经过几次调整才可将时间控制在4分半到5分钟之内，这需要对解说词进行一定的增加或删减，需工程技术人员在场监督。解说词录音过程中工程技术人员在场应着重注意配音的断字断句及发音是否符合建筑施工行业的专业术语，比如"给水系统"的"给"的发音，有的录

图9-11　后期制作

像的配音发"jǐ"的音，就显得与一般说法不符，很不自然，类似这种情况应该在配音中避免。配音的语气也很重要，一般这种录像片的风格都是舒缓的音乐作为背景，配音则应略显激昂，与背影音乐相互协调。

2. 剪辑画面

配音录制完成后，将声音采集至电脑内，即开始第二阶段，剪辑画面。编辑脚本内都注明了解说词配合的画面，但还要现场根据编导的经验来取舍、搭配。因为片比较大（10倍左右），对于每一句话，都可以有很多画面来对应，有静止的单帧画面，有摇动的画面，有上下摇的，有左右摇的，这主要还是根据专业编导的意见来统筹决定。施工技术人员在一旁监制，主要是确认一下编导选中的镜头是否存在施工质量缺陷，是否能够完整地表达解说词的内容。因此，虽然片比很大，但真正非常好的镜头也不会很多，还需要摄像师在现场摄像的时候，尽量提前熟悉解说词的内容，提高可用镜头的比率，尤其是一些摇动的镜头，镜头的起幅（开始点）和落幅（结束点）的位置不能够很随意，应对应解说词的时间来控制镜头摇动的总体时间。

一个录像片的质量好坏，主要就体现在这个方面，同样是一句话，做得仔细可以排三四个画面，做得粗糙一两个画面也说得过去，这样的话，信息量就会差很多，总体感觉内容就会不十分充实。但也要注意信息量不能太大，一个画面紧接一个画面，应接不暇，眼花缭乱。一般认为最佳的鲁班奖录像片每个画面（镜头）的时间不少于3秒，这样的总体感觉比较好，300秒的片长可容纳下几十个镜头，能够充分反映工程的特点、难点和亮点。

3. 动画

构成录像片画面的素材可以有活动画面、静止画面、图片、图表、动画等等。一般一个录像片内有一两个动画特技可以提高录像片的整体"技术含量"，使录像片增色很多。但注意不能画蛇添足，为了动画而动画。制作动画的费用很高，表现的内容应该是摄像机或图片表格不能完整表达的东西，使评委通过观看动画能够对工程有更深的了解。

4. 背景音乐

在画面与配音调整完之后，录像片的主要工作就基本完成了，加入背景音乐，可使需要烘托的气氛更加明显。

5. 字幕

按照已经策划好的需要，在突出强调的部位加入字幕，使一些需要突出的关键点得到强调，选好字幕的切换效果，使之与整体效果协调。

6. 样片

第一次做好的录像片肯定会有很多可以改进的地方，应该广泛地征求专家的意见与建议，将这些意见、建议汇总，经过一两次修改，最终定稿。

7. 封面

光盘表面应贴上有关工程形象及企业标识的内容，更显专业与正规。

五、录像片需注意的相关事项

一个好的录像片能够为工程的宣传介绍增色不少，应注意以下常见的问题：

——音乐应为轻音乐，不能喧宾夺主；

——因总体介绍时间很短，一些常规的施工过程录像应去除，如浇注混凝土镜头；

——针对十项新技术要突出，提升项目的科技含量；

——对于一些特殊节点照片应有量化数字，如大角垂直度要有量化数字（字幕）、平均垂直度要打出字幕；

——镜头应尽量保证在3秒以上，速度不能太快，让人有审视时间；

——尽量不要拉镜头，易出现部分"摇"镜头晃得厉害；

——在介绍中应有一些社会效益的镜头，比如全国观摩，×××市观摩；

——在介绍中应有用户意见（非常满意）以及标志性工程的肯定结论。

六、申报优质工程录像片策划方案

1. 工程概况（表9-1）

××项目工程概况录像策划 表9-1

解说词	字数	画面	时间（秒）			字幕
被业界誉为"原汁原味清水建筑"的××× ×××××工程位于××市××路西侧，是 ××××××的学生公寓	46	南立面→北立面→屋面 （从A3看B2屋面）→A1 门厅学生进出	0	—	14	—
本工程由××建筑设计研究院设计、××× ××公司总承包施工	28	鸟瞰（××大厦俯视）→ 东、西立面	15	—	22	××建筑设计研究院设计、××××× 总承包公司施工
本工程于××××年×月××日开工，×× ××年×月××日竣工，由5栋塔楼组成， 总建筑面积63000m²，檐高50.1m，地上 17层，地下两层	52	B1屋面东北角向下俯视 A2→车库全景	23	—	41	总建筑面积63000m²，檐高50.1m，地 上17层

2. 工程特点（表9-2）

××项目工程特点录像策划 表9-2

解说词	字数	画面	时间（秒）			字幕
本工程外观简约古朴，全现浇清水混凝土外 墙面配以银白色铝合金窗，彰显出绿色、节 材的设计理念	41	山墙局部→B楼北侧窗特写→A2 大堂→B楼幕墙→夹层处凹型外墙 立面各要素关系→屋面装饰柱	42	—	54	绿色、节材
工程混凝土结构实现了结构装饰一体化，实 体精度、表面观感均达到了装饰验收标准， 充分体现了清水混凝土工程"清水出芙蓉、 天然去雕饰"的境界	60	结构施工图片→阳台→伸缩缝→空 调板→拉梁→阳角仰视画面→滴水 线→反映造型复杂的镜头	55	—	72	结构装饰一体化

3. 优质策划（表9-3）

××项目工程创优策划点录像策划 表9-3

解说词	字数	画面	时间（秒）			字幕
本工程采用了建设部推广的十项新技术中的 七项，以提升工程整体品质	30	相关画面	73	—	81	十项新技术中的七项列表
结构施工中采用了无阳角模、伸缩缝内超薄 模板、阳台无缝施工模板等18项创新技术 提高结构精度	41	画中画（三维动画）	82	—	93	叠画灌混凝土3D动画，无阳 角模、伸缩缝内超薄模板、阳 台无缝施工模板，26000多个 对拉螺栓孔
工程实现了24000m²清水外立面；1931个 外窗、358个阳台、418个空调板和64个外 墙大角无一抹灰、刮腻子	39	外墙相关画面	94	—	109	24000m²清水外立面；1931个 外窗、358个阳台、418个空 调板和64个外墙大角无一抹 灰、刮腻子
厨卫间窗框在不抹灰情况下仍能保证内侧贴 整砖，墙砖地砖对缝	27	室外窗口→室内窗口被整砖包围→ 镜头向下，墙、地砖对缝	110	—	117	窗框外侧清水洞口无抹灰
3578个开关插座在瓷砖中心；868套洁具、 1062个地漏全部居中	23	蹲便对缝→地漏居中→卡子套割→ 门占整砖→相邻房间门口高度一致	118	—	127	3578个开关插座、868套洁 具、1062个地漏

解说词	字数	画面	时间（秒）		字幕
屋面造型复杂，清水风格与外墙浑然一体，暖气沟分格均匀、坡度精确	28	屋面全景→暖气沟坡度→分格	128	136	—
排气帽比例匀称；铜条阳角线条挺拔；铝板伸缩缝盖板平整	24	相关照片	137	143	—
避雷针、防雷带按屋面造型精心设计，通长无接头	20	相关照片	144	149	—
首层石材墙地面接缝平整无色差，电梯前室地面排砖合理	24	墙面石材对缝节点	150	156	—
室内墙面涂料光洁，阴阳角顺直，清水地面，色泽一致	21	室内客厅镜头（有门）	157	163	—
4096m² 车库地面、坡道分格顺直，塑胶灌缝，清水施工无裂缝	25	坡道全貌→顶→坡道墙→挡水槽→切割地面槽→分缝笔直→塑胶饱满	164	172	塑料布滑动层、塑胶灌缝
消防管道橡塑保温外包铝塑片，精细美观，排烟风管牢固整洁	25	相关特写镜头	173	180	—
生活给水泵房、喷洒预作用间、消防水箱间施工精细	21	相关房间镜头	181	187	—
吊顶部位施工之前进行综合管线图设计，各种配电箱、盘、柜、开关、面板接线准确、标识清楚	37	35 度标识→管井地面→管井顶面	188	199	—

4. 质量特色（表9-4）

××项目工程质量特色录像策划 表9-4

解说词	字数	画面	时间（秒）		字幕
大角通高垂直度偏差均保持在 5 毫米之内；墙面整体颜色协调一致，工程总体观感大气天然	38	相关镜头	200	210	通高垂直度偏差均保持在 5 毫米之内
工程最大沉降量 22mm，相对最大沉降差 2.6mm	16	4 分画面，顶、立面，观测点等	211	217	工程最大沉降量 26mm，相对最大沉降差 2.8mm，优于国家标准
使用一年来，工程无一渗漏，业主非常满意	17	—	218	223	—

5. 取得成果（表9-5）

××项目工程取得成果录像策划 表9-5

解说词	字数	画面	时间（秒）		字幕
工程已获××部首届全国××建筑创新综合三等奖，××市科学技术二等奖等多项荣誉	37	奖杯、奖状逐个飞入飞出→工程仰视	224	233	××部首届全国绿色建筑创新综合三等奖、××市科学技术二等奖、××市结构长城杯金奖、××市建筑长城杯金奖、××市文明安全样板工地、××总公司优质工程金奖

解说词	字数	画面	时间（秒）		字幕
本工程的清水混凝土结构接待了××部组织的全国各省××厅长的参观及各地同行60多次700余人的观摩	45	报纸报道画面	234	— 247	××部住宅质量现场会
工程的经验被此后的很多工程所采纳，赢得了极大的社会效益，成为国内清水混凝土结构的典范，敬请专家批评指正	50	工程全景→结束字幕	248	— 260	

第三节　资料目录制作实例

以某创优工程为实例，工程资料每册资料的张数为180～200张（资料基本上为单面），按照当地资料管理规程要求，资料目录分为4级，分别是册目录、册内总目录、册内分目录、册内分项目录，因为资料大都是原件，无法用电脑自动编号，所以采用打号机手工打号的办法进行编目，四级编目有重复交叉的部分，即册目录与总目录没有逻辑对应关系。

总目录中的每项，内容少的一册内可以包含几项，内容多的一项可占据好几册，完全靠人工来分类编目。为便于编目，方便及时调整，一般在开始整理时按照总目录、分目录、分项目录三级来整理，待整理完毕后再按照资料的薄厚进行分册，形成册目录，在专家检查时就会出现按物理的分册查找册内的内容，不一定一次可以找到。反映每册内的内容，其要点在封面内不容易反映完全，这样，就必须编制一本可以让检查者一步到位就可以找到相关资料的目录。

以下为某创优工程资料册目录和册内分目录（第29页～第38页）的样表，可借鉴参考使用。

工程资料册目录

册数　　册名　　　　　　　　　　　　　　　　　　　　　　　　　　　　页数

册数 册名		页数
第1册至第89册	建筑与结构工程资料	
第90册至第109册	建筑电气工程资料	
第110册至第111册	智能建筑工程资料	
第112册至第125册	建筑给排水及采暖工程资料	
第126册至第127册	通风与空调工程资料	
第128册	电梯工程资料	
第129册至第139册	竣工图资料	

工程资料册内分目录

册数　册名　　总目录　分目录　　　　　　　　　　　　　　　开始页　结束页

第 1 册　　施工管理与验收

01. 工程概况表及附图

01. 工程概况表及附图　　　　　　　　　　　　　　　1 － 7

02. 建设用地规划许可证及附件

01. 建设用地规划许可证及附件　　　　　　　　　　　8 － 10

03. 岩土工程勘察报告

01. 岩土工程勘察报告　　　　　　　　　　　　　　11 － 44

04. 建设工程施工许可证

01. 建设工程施工许可证　　　　　　　　　　　　　45 － 46

05. 建设工程规划许可证

01. 建设工程规划许可证　　　　　　　　　　　　　47 － 48

06. 北京市城镇建设用地批准书

01. 北京市城镇建设用地批准书　　　　　　　　　　49 － 50

07. 北京市城市规划管理局钉桩坐标成果通知单

01. 北京市城市规划管理局钉桩坐标成果通知单　　　51 － 53

08. 北京市房屋建筑工程和市政基础设施工程竣工验收备案表

01. 北京市房屋建筑工程和市政基础设施工程竣工验收备案表　54 － 59

09. 消防验收意见书

01. 消防验收意见书　　　　　　　　　　　　　　　60 － 61

10. 电梯验收检验报告

01. 电梯验收检验报告　　　　　　　　　　　　　　62 － 80

11. 人防验收证明

01. 人防验收证明　　　　　　　　　　　　　　　　81 － 82

12. 单位工程质量竣工验收记录

01. 单位工程质量竣工验收记录　　　　　　　　　　83 － 84

13. 单位工程质量控制资料核查记录

01. 单位工程质量控制资料核查记录　　　　　　　　85 － 87

工程资料册内分目录

册数 册名	总目录 分目录	开始页 结束页

14. 单位工程安全和功能检查资料核查及主要功能抽查记录

01. 单位工程安全和功能检查资料核查及主要功能抽查记录　　88 - 89

15. 单位工程观感质量检查记录

01. 单位工程观感质量检查记录　　90 - 91

16. 生活引用水卫生评价报告书

01. 生活引用水卫生评价报告书　　92 - 96

17. 室内环境质量检验报告

01. 室内环境质量检验报告　　97 - 160

18. 建设工程规划验收合格通知书

01. 建设工程规划验收合格通知书　　161 - 162

19. 施工总结

01. 施工总结　　163 - 170

20. 竣工报告

01. 竣工报告　　171 - 172

21. 国有土地使用证

01. 国有土地使用证　　173 - 174

22. 绿化工程竣工验收备案表

01. 绿化工程竣工验收备案表　　175 - 176

23. 工程竣工移交关于天然气施工的说明

01. 工程竣工移交关于天然气施工的说明　　177 - 178

第 2 册　　施工管理资料（1）

01. 企业资质证书

01. 企业资质证书　　1 - 2

02. 相关专业人员岗位证书

01. 相关专业人员岗位证书　　3 - 13

03. 见证记录

01. 见证记录　　14 - 137

工程资料册内分目录

册数　册名	总目录　分目录	开始页　结束页

第 3 册　　施工管理资料（2）

    01.施工日志

        01.施工日志　　　　　　　　　　　　　　　　1 - 214

第 4 册　　施工管理资料（3）

    01.施工日志

        01.施工日志　　　　　　　　　　　　　　　　1 - 209

第 5 册　　施工管理资料（4）

    01.施工日志

        01.施工日志　　　　　　　　　　　　　　　　1 - 215

第 6 册　　施工技术资料（1）

    01.施工组织设计及施工方案

        01.施工组织设计及施工方案　　　　　　　　1 - 223

第 7 册　　施工技术资料（2）

    01.施工方案

        01.施工方案　　　　　　　　　　　　　　　　1 - 196

第 8 册　　施工技术资料（3）

    01.施工方案

        01.施工方案　　　　　　　　　　　　　　　　1 - 167

第 9 册　　施工技术资料（4）

    01.施工方案

        01.施工方案　　　　　　　　　　　　　　　　1 - 180

第 10 册　　施工技术资料（5）

    01.技术交底记录

工程资料册内分目录

册数　册名	总目录　分目录	开始页　结束页
	01. 技术交底记录	1 – 133
	02. 模板工程技术交底	
	01. 模板工程技术交底	134 – 181
	03. 施工方案交底	
	01. 施工方案交底	182 – 242
第 11 册　　施工技术资料（6）		
	01. 钢筋工程技术交底	
	01. 钢筋工程技术交底	1 – 92
	02. 土方开挖	
	01. 土方开挖	93 – 98
	03. 基础支护与降水工程	
	01. 基础支护与降水工程	99 – 102
	04. 混凝土工程技术交底	
	01. 混凝土工程技术交底	103 – 179
第 12 册　　施工技术资料（7）		
	01. 设计交底记录	
	01. 设计交底记录	1 – 8
	02. 设计变更、洽商记录	
	01. 设计变更、洽商记录	9 – 167
第 13 册　　施工技术资料（8）		
	01. 设计变更、洽商记录	
	01. 设计变更、洽商记录	1 – 178
第 14 册　　施工测量记录（1）		
	01. 工程定位测量记录	
	01. 工程定位测量记录	1 – 5

工程资料册内分目录

册数　册名　　总目录　分目录 　　　　　　　　　　　　　　　开始页　结束页

02. 基槽验线记录

01. 基槽验线记录 　　　　　　　　　　　　　　　　　　　6 - 8

03. 建筑物垂直度、标高观测记录

01. 建筑物垂直度、标高观测记录 　　　　　　　　　　　　9 - 23

04. 沉降观测记录

01. 沉降观测记录 　　　　　　　　　　　　　　　　　　24 - 101

第 15 册　　施工测量记录（2）

01. 基础楼层平面放线记录

01. A1楼基础楼层平面放线记录 　　　　　　　　　　　　1 - 11

02. A2楼基础楼层平面放线记录 　　　　　　　　　　　12 - 20

03. A3楼基础楼层平面放线记录 　　　　　　　　　　　21 - 31

04. B1楼基础楼层平面放线记录 　　　　　　　　　　　32 - 40

05. B2楼基础楼层平面放线记录 　　　　　　　　　　　41 - 49

06. 地下车库楼层平面放线记录 　　　　　　　　　　　50 - 78

02. 基础楼层标高抄测记录

01. A1楼基础楼层标高抄测记录 　　　　　　　　　　　79 - 82

02. A2楼基础楼层标高抄测记录 　　　　　　　　　　　83 - 86

03. A3楼基础楼层标高抄测记录 　　　　　　　　　　　87 - 90

04. B1楼基础楼层标高抄测记录 　　　　　　　　　　　91 - 94

05. B2楼基础楼层标高抄测记录 　　　　　　　　　　　95 - 98

06. 地下车库楼层标高抄测记录 　　　　　　　　　　　99 - 103

第 16 册　　施工测量记录（3）

01. A1楼主体楼层平面放线记录

01. A1楼主体楼层平面放线记录 　　　　　　　　　　　1 - 64

02. A2楼主体楼层平面放线记录

01. A2楼主体楼层平面放线记录 　　　　　　　　　　　65 - 126

工程资料册内分目录

册数 册名 总目录 分目录　　　　　　　　　　　　　　　开始页 结束页

03.A3楼主体楼层平面放线记录

　　01.A3楼主体楼层平面放线记录　　　　　　　127 - 190

04.B1楼主体楼层平面放线记录

　　01.B1楼主体楼层平面放线记录　　　　　　　191 - 219

05.B2楼主体楼层平面放线记录

　　01.B2楼主体楼层平面放线记录　　　　　　　220 - 248

第 17 册　　施工测量记录（4）

01.A1楼主体楼层标高抄测记录

　　01.A1楼主体楼层标高抄测记录　　　　　　　　1 - 34

02.A2楼主体楼层标高抄测记录

　　01.A2楼主体楼层标高抄测记录　　　　　　　 35 - 67

03.A3楼主体楼层标高抄测记录

　　01.A3楼主体楼层标高抄测记录　　　　　　　 68 - 101

04.B1楼主体楼层标高抄测记录

　　01.B1楼主体楼层标高抄测记录　　　　　　　102 - 117

05.B2楼主体楼层标高抄测记录

　　01.B2楼主体楼层标高抄测记录　　　　　　　118 - 133

第 18 册　　施工物资资料（1）

01.A1楼地下预拌混凝土出厂合格证

　　01.A1楼地下预拌混凝土出厂合格证　　　　　　1 - 20

02.A2楼地下预拌混凝土出厂合格证

　　01.A2楼地下预拌混凝土出厂合格证　　　　　 21 - 38

03.A3楼地下预拌混凝土出厂合格证

　　01.A3楼地下预拌混凝土出厂合格证　　　　　 39 - 59

04.B1楼地下预拌混凝土出厂合格证

　　01.B1楼地下预拌混凝土出厂合格证　　　　　 60 - 71

工程资料册内分目录

册数 册名	总目录 分目录	开始页 结束页

05. B2楼地下预拌混凝土出厂合格证

    01. B2楼地下预拌混凝土出厂合格证   **72 - 85**

06. 车库预拌混凝土出厂合格证

    01. 车库预拌混凝土出厂合格证   **86 - 156**

第 19 册   施工物资资料（2）

01. A1楼主体预拌混凝土出厂合格证

    01. A1楼主体预拌混凝土出厂合格证   **1 - 80**

02. A2楼主体预拌混凝土出厂合格证

    01. A2楼主体预拌混凝土出厂合格证   **81 - 158**

03. A3楼主体预拌混凝土出厂合格证

    01. A3楼主体预拌混凝土出厂合格证   **159 - 239**

04. B1楼主体预拌混凝土出厂合格证

    01. B1楼主体预拌混凝土出厂合格证   **240 - 275**

05. B2楼主体预拌混凝土出厂合格证

    01. B2楼主体预拌混凝土出厂合格证   **276 - 312**

第 20 册   施工物资资料（3）

01. 钢筋原材复试报告及产品质量证明书

    01. 钢筋原材复试报告及产品质量证明书   **1 - 183**

第 21 册   施工物资资料（4）

01. 钢筋原材复试报告及产品质量证明书

    01. 钢筋原材复试报告及产品质量证明书   **1 - 173**

第 22 册   施工物资资料（5）

01. 钢筋原材复试报告及产品质量证明书

    01. 钢筋原材复试报告及产品质量证明书   **1 - 201**

工程资料册内分目录

册数 册名　　总目录　分目录　　　　　　　　　　开始页 结束页

第 23 册　　施工物资资料（6）

01. 钢筋原材复试报告及产品质量证明书

　　01. 钢筋原材复试报告及产品质量证明书　　　　1 - 189

第 24 册　　施工物资资料（7）

01. 防水物资资料及复试报告

　　01. 防水物资资料及复试报告　　　　　　　　　1 - 129

02. 水泥物资资料及复试报告

　　01. 水泥物资资料及复试报告　　　　　　　　132 - 185

03. 砂、碎（卵）石试验报告

　　01. 砂、碎（卵）石试验报告　　　　　　　　187 - 199

04. 轻集料、砌块试验报告

　　01. 轻集料、砌块试验报告　　　　　　　　　200 - 215

第 25 册　　施工物资资料（8）

01. 外墙内保温物资资料

　　01. 外墙内保温物资资料　　　　　　　　　　　1 - 61

02. 轻质隔墙物资资料

　　01. 轻质隔墙物资资料　　　　　　　　　　　62 - 107

03. 轻质隔墙物资资料

　　01. 轻质隔墙物资资料　　　　　　　　　　108 - 138

第 26 册　　施工物资资料（9）

01. 外窗

　　01. 外窗　　　　　　　　　　　　　　　　　　1 - 80

02. 外墙涂料

　　01. 外墙涂料　　　　　　　　　　　　　　　81 - 103

03. 石材

　　01. 石材　　　　　　　　　　　　　　　　104 - 140

工程资料册内分目录

册数 册名	总目录 分目录	开始页 结束页
04. 吊顶		
	01. 吊顶	**141** – **161**
05. 木材		
	01. 木材	**162** – **199**
第 27 册	**施工物资资料（10）**	
01. 装修用物资		
	01. 装修用物资	**1** – **201**
第 28 册	**基础施工记录（1）**	
01. 委托书		
	01. 委托书	**1** – **2**
02. 基础回填土隐蔽工程检查记录		
	01. 基础回填土隐蔽工程检查记录	**3** – **14**
03. 基础钢筋隐蔽工程检查记录		
	01. A1楼基础钢筋隐蔽工程检查记录	**15** – **30**
	02. A2楼基础钢筋隐蔽工程检查记录	**32** – **42**
	03. A3楼基础钢筋隐蔽工程检查记录	**43** – **57**
	04. B1楼基础钢筋隐蔽工程检查记录	**58** – **68**
	05. B2楼基础钢筋隐蔽工程检查记录	**69** – **79**
	06. 车库基础钢筋隐蔽工程检查记录	**81** – **121**
	07. 基础砌筑构造柱、圈梁、过梁钢筋隐蔽工程检查记录	**122** – **133**
04. 基础施工缝隐蔽工程检查记录		
	01. A1楼基础水平施工缝隐蔽工程检查记录	**134** – **137**
	02. A2楼基础水平施工缝隐蔽工程检查记录	**138** – **141**
	03. A3楼基础水平施工缝隐蔽工程检查记录	**142** – **143**
	04. B1楼基础水平施工缝隐蔽工程检查记录	**144** – **147**
	05. B2楼基础水平施工缝隐蔽工程检查记录	**148** – **151**

工程资料册内分目录

册数 册名	总目录 分目录	开始页		结束页
	06.车库基础水平施工缝隐蔽工程检查记录	**152**	-	**160**
	07.A1楼基础竖向施工缝隐蔽工程检查记录	**161**	-	**164**

第 29 册　基础施工记录（2）

01.土方工程隐蔽检查记录

01.土方工程隐蔽检查记录		**1**	-	**6**

02.地下防水基层隐蔽工程检查记录

01.A1楼地下防水基层隐蔽工程检查记录		**7**	-	**12**
02.A2楼地下防水基层隐蔽工程检查记录		**13**	-	**15**
03.A3楼地下防水基层隐蔽工程检查记录		**16**	-	**18**
04.B1楼地下防水基层隐蔽工程检查记录		**19**	-	**21**
05.B2楼地下防水基层隐蔽工程检查记录		**22**	-	**24**
06.车库地下防水基层隐蔽工程检查记录		**25**	-	**38**

03.地下防水基层处理剂隐蔽工程检查记录

01.A1楼地下防水基层处理剂隐蔽工程检查记录		**39**	-	**44**
02.A2楼地下防水基层处理剂隐蔽工程检查记录		**45**	-	**47**
03.A3楼地下防水基层处理剂隐蔽工程检查记录		**48**	-	**50**
04.B1楼地下防水基层处理剂隐蔽工程检查记录		**51**	-	**53**
05.B2楼地下防水基层处理剂隐蔽工程检查记录		**54**	-	**56**
06.车库地下防水基层处理剂隐蔽工程检查记录		**57**	-	**70**

04.地下防水层隐蔽工程检查记录隐蔽工程检查记录

01.A1楼地下防水层隐蔽工程检查记录		**71**	-	**80**
02.A2楼地下防水层隐蔽工程检查记录		**81**	-	**83**
03.A3楼地下防水层隐蔽工程检查记录		**84**	-	**86**
04.B1楼地下防水层隐蔽工程检查记录		**87**	-	**89**
05.B2楼地下防水层隐蔽工程检查记录		**90**	-	**92**
06.车库地下防水层隐蔽工程检查记录		**93**	-	**106**

05.地下防水保护层隐蔽工程检查记录

第十章 附 录

工程实施期间，国家规范所列的强制性条文必须严格执行，一旦违反强条，将会失去优质工程的评选资格。以下附录为机电安装工程相关专业的强制性条文说明，供建筑设备安装工程实施优质工程参考。

一、电气工程强制性条文说明

1. 供电系统及变电设备（设计类）

（1）一级负荷应有两个电源供电，当一个电源发生故障时，另一个电源不应同时受到损坏。

（详见《民用建筑电气设计规范》JGJ 16—2008 第 3.2.8 条）

（2）应急电源与正常电源之间采取防止并列运行的措施。

（详见《民用建筑电气设计规范》JGJ1 6—2008 第 3.3.2 条）

（3）当成排布置的配电屏长度大于 6m 时，屏后面的通道应设有两个出口。当两个出口之间的距离大于 15m 时，应增加出口，见图 10-1。

（详见《民用建筑电气设计规范》JGJ 16—2008 第 4.7.3 条）

图 10-1 成排配电柜的长度与出口数量的关系

（4）配电线路的短路保护应在短路电流对导体和连接件产生的热效应和机械力造成危险之前切断短路电流。

（详见《民用建筑电气设计规范》JGJ 16—2008 第 7.6.2 条）

（5）配电线路的过负荷保护，应在过负荷电流引起的导体温升对导体的绝缘、接头、端子或导体周围的物质造成损害前切断负荷电流。对于突然断电比过负荷造成的损害更大的线路，该线路的过负荷保护应作用于信号而不应切断电路。

（详见《民用建筑电气设计规范》JGJ 16—2008 第 7.6.4 条）

（6）对于相导体对地标称电压为 220V 的 TN 系统配电线路的接地故障保护，其切断故障回路的时间应符合下列要求：

①对于配电线路或仅供给固定式电气设备用电的末端线路，不应大于 5 秒。

②对于供给手持式电气设备和移动式电气设备末端线路或插座回路，不应大于 0.4 秒。

（详见《民用建筑电气设计规范》JGJ 16—2008 第 7.7.5 条）

（7）在 TN-C 系统中，严禁断开 PEN 导体，不得装设断开 PEN 导体的电器。

（详见《民用建筑电气设计规范》JGJ 16—2008 第 7.5.2 条）

（8）采用 TN-C-S 系统时，当保护导体与中性导体从某点分开后不应再合并，且中性导体不应再接地。

（详见《民用建筑电气设计规范》JGJ 16—2008 第 12.2.3 条）

（9）包括配线用的钢导管及金属线槽在内的外界可导电部分，严禁用作 PEN 导体。PEN 导体必须与相导体具有相同的绝缘水平。

（详见《民用建筑电气设计规范》JGJ 16—2008 第 12.5.4 条）

（10）外界可导电部分，严禁用作 PEN 导体。

（详见《民用建筑电气设计规范》JGJ 16—2008 第 7.4.6 条）

（11）在地下禁止采用裸铝导体作为接地极或接地导体。

（详见《民用建筑电气设计规范》JGJ 16—2008 第 12.5.2 条）

2. 防雷接地（设计类）

（1）防雷接地与交流工作接地、直流工作接地、安全保护接地共用一组接地装置时，接地装置的接地电阻值必须按照接入设备中要求的最小值来确定。

（详见《建筑物电子信息系统防雷技术规范》GB 50343—2012 第 5.2.5 条）

（2）当采用敷设在钢筋混凝土中的单根钢筋或圆钢作为防雷装置时，钢筋或圆钢的直径不应小于 10mm。引下线敷设见图 10-2。

（详见《民用建筑电气设计规范》JGJ 16—2008 第 11.8.9 条）

（3）在防雷装置与其他设施和建筑物内人员无法隔离的情况下，装有防雷装置的建筑物，应采取等电位连接。

（详见《民用建筑电气设计规范》JGJ 16—2008 第 11.1.7 条）

（4）接地装置应优先利用自然接地体，当自然接地体的接地电阻达不到要求时，应增加人工接地体。

（详见《建筑物电子信息系统防雷技术规范》GB 50343—2012 第 5.2.6 条）

图 10-2　引下线截面

（5）避雷器应用最短的接地线与主接地网连接。

（详见《接地装置施工及验收规范》GB 50169—2006 第 3.3.13 条）

（6）不得利用安装在接收无线电视广播的共用天线杆顶上的接闪器保护建筑物。

（详见《民用建筑电气设计规范》JGJ 16—2008 第 11.6.1 条）

3. 信息设备（设计类）

（1）采用管网式洁净气体灭火系统或高压细水雾灭火系统的主机房，应同时设置两种火灾探测器，且火灾报警系统应与灭火系统联动。

（详见《电子信息系统机房设计规范》GB 50174—2008 第 13.2.1 条）

（2）当电缆从建筑物外部进入建筑物时，应选用适配的信号线路浪涌保护器（spd），信号浪涌保护器应符合设计要求。

（详见《综合布线系统工程验收规范》GB 50312—2007 第 5.2.5 条）

（3）需要保护的电子信息系统必须采取等电位连接与接地保护措施。

（详见《建筑物电子信息系统防雷技术规范》GB 50343—2012 第 5.1.2）

（4）电源线路防雷与接地应符合以下规定：

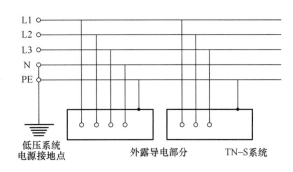

图 10-3 TN-S 系统的接地方式

电子信息系统设备由 TN 交流配电系统供电时,配电线路必须采用 TN-S 系统的接地方式,具体见图 10-3。

(详见《建筑物电子信息系统防雷技术规范》GB 50343—2012 第 5.4.1)

(5)电子信息系统机房内正常状态下外露的不带电的金属物必须与建筑物等电位网连接。电子信息机房内正常状态下外露的不带电金属物包括:架空地板的金属底座、吊顶的金属龙骨、钢筋混凝土结构内的钢筋(或轻质隔墙内的轻钢龙骨)、房间内所有设备的金属外壳、各类金属管道、金属线槽、金属电缆桥架等均应进行等电位连接并接地。

(详见《电子信息系统机房施工及验收规范》GB 50462—2008 第 5.2.2 条)

(6)电子信息机房内所有设备的金属外壳、各类金属管道、金属线槽、建筑物金属结构等必须进行等电位连接并接地。

(详见《电子信息系统机房设计规范》GB 50174—2008 第 8.3.4 条)

(7)每台电子信息设备(机柜)应采用 2 根不同长度的等电位连接导体就近与等电位连接网格连接,见图 10-4。

(详见《电子信息系统机房设计规范》GB 50174—2008 第 8.4.5 条)

4. 安全防范(设计类)

(1)系统监控中心应设置为禁区,应有保护自身安全的防护措施和进行内外联络的通信手段,并应设置紧急报警装置和留有向上一级接处警中心报警的通信端口。

(详见《民用建筑电气设计规范》JGJ 16—2008 第 14.9.4 条)

图 10-4　电子信息系统的机柜、操作台等应两点等电位联结

(2)入侵报警系统中使用的设备必须符合国家法律法规和现行强制性标准的要求,并经法定机构检验或认证合格。

(详见《入侵报警系统工程设计规范》GB 50394—2007 第 3.0.3 条)

(3)入侵报警系统不得有漏报警。

(详见《入侵报警系统工程设计规范》GB 50394—2007 第 5.2.2 条)

(4)视频安防监控系统中使用的设备必须符合国家法律法规和现行强制性标准的要求,并经法定机构检验或认证合格。

(详见《综合布线系统工程设计规范》GB 50311—2007 第 3.0.3 条)

(5)事件图像和声音信息应具有原始完整性。

(详见《综合布线系统工程设计规范》GB 50311—2007 第 5.0.5 条)

(6)当(综合布线系统)电缆从建筑物外面进入建筑物时,应选用适配的信号线路浪涌保护器,信号线路浪涌保护器应符合设计要求。

(详见《综合布线系统工程设计规范》GB 50311—2007 第 7.0.9 条)

5. 建筑防火——消防电源及配电

(1)高层建筑的消防控制室、消防水泵、消防电梯、防排烟设施、火灾自动报警、漏电火灾报警系统、自动灭火系统、应急照明、疏散指示标志和电动的防火门、窗、卷帘等消防用电,应按照现行的国家标准 GB 50052 的规定执行。

（详见 2005 版《高层民用建筑防火设计规范》GB 50045—95 第 9.1.1 条）

（2）消防用电设备应采用专用的供电回路，当生产、生活用电被切断时，应仍能保证消防用电。其配电设备应有明显标志。

（详见《建筑装修防火设计规范》GB 50016—2006 第 11.1.4 条）

（3）消防用电设备的配电线路应满足火灾时连续供电的需要，其敷设应符合下列规定：

暗敷时，应穿管并应敷设在不燃烧体结构内，且保护层厚度不应小于 30mm。明敷时（包括敷设在吊顶内），应穿金属管或封闭式金属线槽，并应采取防火保护措施。

（详见《建筑装修防火设计规范》GB 50016—2006 第 11.1.6 条）

（4）消防用电设备的配电线路应满足火灾时连续供电的需要，其敷设应符合下列规定：

①当采用阻燃或耐火电缆室，敷设在电缆井、电缆沟内可不采取防火保护措施。

②当采用矿物绝缘电缆时，可直接敷设。

（详见 2005 版《高层民用建筑防火设计规范》GB 50045—95 第 9.1.4 条）

6. 建筑防火——电力线路及电气装置

（1）在隧道、沟、浅槽、竖井、夹层等封闭式电缆通道中，不得布置热力管道，严禁有易燃气体或易燃液体的管道穿越。

（详见《电力电缆工程设计规范》GB 50217—2007 第 5.1.9 条）

（2）对易受外部影响着火的电缆密集场所或可能着火蔓延而酿成严重事故的电缆事故线路，必须按设计要求的防火阻燃措施施工。

（详见《电缆线路施工及验收规范》GB 50168—2006 第 7.0.1 条）

（3）建筑内的电缆井、管道井应在每层楼板处采用不低于楼板耐火极限的不燃烧体或防火封堵材料封堵。

建筑内的电缆井、管道井与房间、走道等相连通的孔洞应采用防火封堵材料封堵。

（详见《建筑装修防火设计规范》GB 50016—2006 第 7.2.10 条）

（4）电缆、电线穿过建筑的变形缝处应加设不燃材料制作的套管，或采用其他防变形措施，并应采用防火封堵材料封堵。

（详见《建筑装修防火设计规范》GB 50016—2006 第 7.3.4 条）

（5）进入施工现场的装修材料应完好，并应检查其燃烧性能或耐火极限，防火性能形式检验报告、合格证书等技术文件应符合防火设计的要求。

（详见《建筑内部装修防火施工及验收规范》GB 50354—2005 第 2.0.4 条）

（6）装修材料进入施工现场后，应按本规范的有关规定，在监理或建设单位的监督下，由施工单位有关人员现场取样，并应由具备相应资质的检验单位进行见证取样检验。

（详见《建筑内部装修防火施工及验收规范》GB 50354—2005 第 2.0.4 条）

（7）开关、插座和照明灯具靠近可燃物时，应采取隔热、散热等保护措施。使用卤钨灯和额定功率大于等于 100W 的白炽灯泡的吸顶灯、槽灯、嵌入式灯，其引入线应采用瓷管、矿棉等不燃材料做隔热材料。

大于 60W 的卤钨灯、白炽灯、高压钠灯、金属卤灯光源、荧光高压汞灯（包括电感镇流器）等不应直接安装在可燃装修材料或可燃构件上。

（详见《建筑装修防火设计规范》GB 50016—2006 第 11.2.4 条）

7. 建筑防火——消防应急照明和疏散指示

（1）消防应急照明灯和灯光疏散指示标识的备用电源，其连续供电时间不应小于 30 分钟。

（详见《建筑装修防火设计规范》GB 50016—2006 第 11.1.3 条）

（2）公共建筑、高层厂房（仓库）及甲、乙、丙类厂房应沿疏散走道和安全出口、人员密集场所的疏散门的正上方设置灯光疏散指示标志，并应符合下列规定：

（详见《建筑装修防火设计规范》GB 50016—2006 第11.3.4条）

①安全出口和疏散门的正上方应采用"安全出口"作为指示标志，见图10-5。

图10-5　安全出口指示灯应安装的位置

②沿疏散走道设置的灯光疏散指示标志，应设置在疏散走道及其转角处距地面高度1.0m以下的墙面上，且灯光疏散指示标志间距不应大于20m；对于袋型走道，不应大于10m；在走道转角区，不应大于1.0m，其指示标志应符合现行国家标准《消防安全标志》GB 13495的相关规定，见图10-6。

图10-6　疏散指示灯安装实例

8. 火灾自动报警系统和消防控制室

（1）火灾自动报警系统在交付使用前必须经过验收。

（详见《火灾自动报警系统施工及验收规范》GB 50166—2007 第1.0.3条）

（2）火灾自动报警系统的施工，应按照批准的工程设计文件和施工技术标准进行，不得随意变更。确定需要变更设计时，应由原设计单位负责更改。

（详见《火灾自动报警系统施工及验收规范》GB 50166—2007 第2.1.5条）

（3）火灾自动报警系统竣工后，建设单位应负责组织施工、设计、监理等单位进行验收。验收不合格不得投入使用。

（详见《火灾自动报警系统施工及验收规范》GB 50166—2007 第5.1.1条）

（4）按现行国家标准《火灾自动报警系统设计规范》GB 50116 设计的各项功能进行验收。

（详见《火灾自动报警系统施工及验收规范》GB 50166—2007 第5.1.4条）

（5）系统中各装置的安装位置、施工质量和功能等的验收数量应满足下列要求：

各类消防用电设备的主、备电源的自动转换装置，应进行3次转换试验，每次转换均应正常。

（详见《火灾自动报警系统施工及验收规范》GB 50166—2007 第5.1.5条）

（6）（消防指挥系统）工程竣工后必须进行工程验收，验收不合格不得投入使用。

（详见《消防通信指挥系统施工及验收规范》GB 50401—2007 第4.1.1条）

（7）系统工程验收合格判定条件应为：主控页不合格数量为0项，否则为不合格。

（详见《消防通信指挥系统施工及验收规范》GB 50401—2007 第 4.7.2 条）

（8）火灾自动报警系统施工前，应对设备、材料及配件进行现场检查，检查不合格者不得使用。

（详见《火灾自动报警系统施工及验收规范》GB 50166—2007 第 2.1.8 条）

（9）设备、材料及配件进入施工现场应有清单、使用说明书、质量合格证明文件、国家法定质检机构的检验报告等。火灾自动报警系统中的强制性认证产品还应有认证（认可）证书和认证（认可）标识。

（详见《火灾自动报警系统施工及验收规范》GB 50166—2007 第 2.2.1 条）

（10）火灾自动报警系统的主要设备应是通过国家认证（认可）的产品。产品名称、型号、规格应与检验报告一致。

（详见《火灾自动报警系统施工及验收规范》GB 50166—2007 第 2.2.2 条）

（11）火灾自动报警系统应单独布线，系统内不同电压等级、不通电流类型的线路，不应在同一管内或线槽的同一孔内。

（详见《火灾自动报警系统施工及验收规范》GB 50166—2007 第 3.2.4 条）

（12）建筑高度超过 100m 的高层建筑，除游泳池、溜冰场、卫生间外，均应设火灾自动报警系统。

（详见 2005 版《高层民用建筑设计防火规范》GB 50045—95 第 9.4.1 条）

（13）消防控制室的设置应符合下列规定：严禁与消防控制室无关的电气线路和管路穿过。

（详见《建筑装修防火设计规范》GB 50016—2006 第 11.4.4 条）

9. 配电及节能工程

（1）建筑节能工程应按照经审查合格的设计文件和经审查批准的施工方案施工。

（详见《建筑节能工程施工质量验收规范》GB 50411—2007 第 3.3.1 条）

（2）低压配电系统选择的电缆、电线截面不得低于设计值，进场时应对其进行见证取样送检，检测的参数是电线、电缆的截面和每芯导体电阻值。

（详见《建筑节能工程施工质量验收规范》GB 50411—2007 第 12.2.2 条）

（3）办公建筑照明功率密度值不应大于表 7.3 的规定。当房间或场所的照度值高于或低于本表规定的对应照度值时，其照明功率密度值应按比率提高或折减。办公建筑照明功率密度值见表 10-1。

办公建筑照明功率密度值 表 10-1

房间或场所	照明功率密度（W/m²）		对应照度值（lx）
	现行值	目标值	
普通办公室	11	9	300
高档办公室、设计室	18	15	500
会议室	11	9	300
营业厅	13	11	300
文件管理、复印、发行室	11	9	300
档案室	8	7	200

（详见《建筑照明设计标准》GB 50034—2004 第 6.1.2 条）

10. 施工质量——建筑电气工程

（1）变压器中性点应与接地装置引出的干线直接连接。

（详见《建筑电气工程施工质量验收规范》GB 50303—2002 第 4.1.3 条）

（2）测试接地装置的接地电阻值必须符合设计要求。

（详见《建筑电气工程施工质量验收规范》GB 50303—2002 第 24.1.2 条）

（3）接地体顶面的埋设深度应符合设计规定。当设计无规定时，不应小于 0.6m。

（详见《接地装置施工及验收规范》GB 50169—2006 第 3.3.1 条）

（4）除临时接地装置外，接地装置应采用热镀锌钢材，不得采用铝导体作为接地体或接地线。

（详见《接地装置施工及验收规范》GB 50169—2006 第 3.2.5 条）

（5）电气装置应设置总接地端子或母线，并与接地线、保护线、等电位干线和安全、功能共用接地装置的功能性接地线等相连接。

（详见《接地装置施工及验收规范》GB 50169—2006 第 3.11.4 条）

（6）接地（PE）或接零（PEN）支线必须单独与接地（PE）或接零（PEN）干线相连接，不得串接连接。

（详见《建筑电气工程施工质量验收规范》GB 50303—2002 第 3.1.7 条）

（7）每个电气装置的接地应以单独的接地线与接地汇流排或接地干线相连接，严禁在一个接地线中串接几个需要接地的电气装置。重要的设备和设备构架应有两根与主接地网不同点连接，且每根接地引下线均应符合热稳定及机械强度的要求，连接引下线应便于定期进行检查测试。

（详见《接地装置施工及验收规范》GB 50169—2006 第 3.3.5 条）

（8）接地装置的安装应符合以下要求：

①接地极的形式、埋入深度及接地电阻应符合设计要求；

②穿过墙、地面、楼板应有足够坚固的机械保护措施；

③接地装置的材质及结构应考虑防止因腐蚀而引起的损伤。

（详见《接地装置施工及验收规范》GB 50169—2006 第 3.11.3 条）

（9）接地线应采取防止发生机械损伤和化学腐蚀的措施。在与铁路、公路或管道等交叉及其他可能使接地线遭受损伤处，均应用钢管或角钢等加以保护。在穿过墙壁、楼板和地坪处应加装钢管或其他坚固的保护套，有化学腐蚀的部位还应采取防腐措施。热镀锌钢材焊接时将破坏热镀锌防腐，应在焊痕外100mm 内做防腐处理。

（详见《接地装置施工及验收规范》GB 50169—2006 第 3.3.3 条）

（10）接地干线应在不同的两点及以上与接地网连接。自然接地体应在不同的两点及以上与接地干线或接地网连接。

（详见《接地装置施工及验收规范》GB 50169—2006 第 3.3.4 条）

（11）接地线不应用作其他用途。

（详见《接地装置施工及验收规范》GB 50169—2006 第 3.1.4 条）

（12）不得利用蛇皮管、管道保温层的金属外皮或金属网、低压照明网络的导线铅皮以及电缆金属护层作为接地线。蛇皮管的两端应采用自固接头或软管接头，且两端应采用软铜线连接。

（详见《接地装置施工及验收规范》GB 50169—2006 第 3.2.9 条）

（13）三相或单相的交流单芯电缆，不得单独穿于钢导管内。

（详见《建筑电气工程施工质量验收规范》GB 50303—2002 第 15.1.1 条）

（14）花灯吊钩圆钢直径不应小于挂销直径，且不应小于 6mm。大型花灯的固定及悬吊装置，应按灯具重量的 2 倍做过载试验。对已安装完成的大型灯具预埋件进行拉力试验，以防预埋件松动，出现安全隐患，见图 10-7。

图 10-7　未进行预埋件 2 倍拉力试验的灯具出现了安全隐患

（详见《建筑电气工程施工质量验收规范》GB 50303—2002 第 19.1.2 条）

（15）当灯具距离地面高度小于 2.4m 时，灯具的可接近裸露导体必须接地（PE）或接零（PEN）可靠，还应有专用接地螺栓，且有标识，见图 10-8。

（详见《建筑电气工程施工质量验收规范》GB 50303—2002 第 19.1.6 条）

（16）直埋敷设的电缆，严禁位于地下管道的正上方或正下方。

（详见《电力电缆工程设计规范》GB 50217—2007 第 5.3.5 条）

（17）直埋电缆在直线段每隔 50～100m 处、电缆接头处、转弯处、进入建筑物等处，应设置明显的方位标志或标桩。

图 10-8　灯具安装低于 2.4m 时，
其可接近裸露导体应接地可靠

（详见《电缆线路施工及验收规范》GB 50168—2006 第 5.2.6 条）

（18）电缆支架全长均应有良好的接地。

（详见《电缆线路施工及验收规范》GB 50168—2006 第 4.2.9 条）

（19）采用条形底座的电机应有 2 个及以上明显的接地点。

（详见《旋转电机施工及验收规范》GB 50170—2006 第 2.1.3 条）

（20）电动机、电加热器及电动执行机构的可接近裸露导体必须接地（PE）或接零（PEN）。接地线正确做法见图 10-9。

（详见《建筑电气工程施工质量验收规范》GB 50303—2002 第 7.1.1 条）

（21）柴油发电机馈电线路连接后，两端的相序必须与原供电系统的相序一致，见图 10-10。

图 10-9　电动机的可接近裸露
导体应接地或接零可靠，标识齐全

图 10-10　柴油发电机组相序与供电系统应一致

（详见《建筑电气工程施工质量验收规范》GB 50303—2002 第 8.1.3 条）

（22）不间断电源输出端的中性线（N 极），必须与由接地装置直接引来的接地干线相连接，做重复接地，见图 10-11。

（详见《建筑电气工程施工质量验收规范》GB 50303—2002 第 9.1.4 条）

（23）绝缘子的底座、套管的法兰、保护网（罩）及母线支架可接近裸露导体应接地（PE）或接零

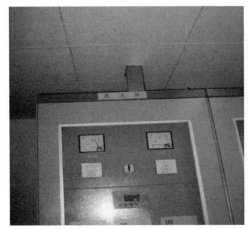

图 10-11 UPS 输出端中性点应与接地干线直接连接，以防止中性点漂移

（PEN）可靠，不应作为接地（PE）或接零（PEN）的接续导体，见图 10-12。

（详见《建筑电气工程施工质量验收规范》GB 50303—2002 第 11.1.1 条）

（24）金属电缆桥架及其支架和引入或引出，金属电缆导管必须接地（PE）或接零（PEN）可靠，且符合下列规定：

①金属电缆桥架及其支架全长应不少于 2 处与接地（PE）或接零（PEN）干线相连接。

②非镀锌电缆桥架间连接板的两端跨接铜芯接地线，接地线最小允许截面积不小于 4mm²，见图 10-13。

图 10-12 密集母线可接近裸露导体接地

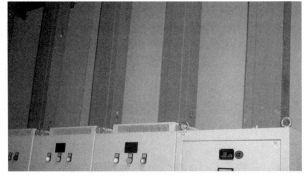

图 10-13 非镀锌电缆桥架跨接接地线及终端接地线

③镀锌电缆桥架间连接板的两端部跨接接地线，但是连接板两端有不少于 2 个防松螺帽或防松垫圈的连接固定螺栓。

（详见《建筑电气工程施工质量验收规范》GB 50303—2002 第 12.1.1 条）

图 10-14 金属导管严禁对口焊接

（25）金属电缆支架、电缆导管必须接地（PE）或接零（PEN）可靠。

（详见《建筑电气工程施工质量验收规范》GB 50303—2002 第 13.1.1 条）

（26）金属导管严禁对口熔焊连接；镀锌和壁厚小于等于 2mm 的钢导管不得套管熔焊连接。错误做法案例见图 10-14。

（详见《建筑电气工程施工质量验收规范》GB 50303—2002 第 14.1.2 条）

（27）建筑物景观照明灯具安装应符合下列

规定：

①每套灯具的导电部分对地绝缘电阻应大于2兆欧；

②在人行道等人员来往密集的场所安装的落地式灯具，若无围栏防护，安装高度应距地面2.5米以上；

③金属构架和灯具的可接近裸露导体及金属软管的应接地（PE）或接零（PEN）可靠，且有标识。

（详见《建筑电气工程施工质量验收规范》GB 50303—2002第21.1.3条）

（28）插座接线应符合下列规定，见图10-15。

（详见《建筑电气工程施工质量验收规范》GB 50303—2002第22.1.2条）

图10-15　插座内导线的压接及连接正确

①单相两孔插座，面对插座的右孔或上孔应与相线连接，左孔或下孔与零线连接；单相三孔插座，面对插座的右孔应与相线连接，左孔与零线连接。

②单相三孔、三相四孔及三相五孔插座的接地（PE）或接零（PEN）线应接在上孔。插座的接地端子不要与零线端子连接。同一场所的三相插座、接线相序应一致。

③接地（PE）或接零（PEN）线在插座间不要串联连接。

（29）全封闭组合电器的外壳应按制造厂的规定接地；法兰片间应采用跨接接地线连接，并应保证良好的电气通路，见图10-16。

图10-16　法兰片间跨接接地线的连接

（详见《接地装置施工及验收规范》GB 50169—2006第3.3.14条）

（30）高压配电间隔和静止补偿装置的栅栏门铰链处应用软铜线连接，以保证良好的接地。

（详见《接地装置施工及验收规范》GB 50169—2006第3.3.15条）

（31）当电缆穿过零序电流互感器时，电缆头的接地线应通过零序电流互感器后接地；由电缆头至穿过零序电流互感器的一段电缆金属护层和接地线应对地绝缘。

（详见《接地装置施工及验收规范》GB 50169—2006第3.3.11条）

（32）保护屏应装有接地端子，并用截面不小于4mm² 的多股铜线和接地网直接连通。

（详见《接地装置施工及验收规范》GB 50169—2006 第 3.3.19 条）

（33）110kV 及以上中性点有效接地系统单芯电缆的电缆终端金属护层，应通过接地刀闸直接与变电站接地装置连接。

（详见《接地装置施工及验收规范》GB 50169—2006 第 3.9.1 条）

（34）110kV 以下三芯电缆的电缆终端金属护层应直接与变电站接地装置连接。

（详见《接地装置施工及验收规范》GB 50169—2006 第 3.9.4 条）

（35）接地体（线）的连接应采用焊接，焊接必须牢固无虚焊。接至电气设备上的接地线，应采用镀锌螺栓连接；有色金属接地线不能采用焊接时，可用螺栓连接、压接、放热焊方式连接。用螺栓连接时应设防松螺帽或防松垫片。不同材料接地体间的连接处应进行处理。

（详见《接地装置施工及验收规范》GB 50169—2006 第 3.4.1 条）

（36）接地体（线）的焊接应采用搭接焊，其搭接长度必须符合下列规定：

①扁钢为其宽度的 2 倍（且至少 3 个棱边）；

②圆钢为其直径的 6 倍；

③圆钢与扁钢连接时，其长度为圆钢直径的 6 倍。

（详见《接地装置施工及验收规范》GB 50169—2006 第 3.4.2 条）

（37）接地体（线）为铜与铜或铜与钢的连接工艺采用放热焊接，其熔接接头必须符合下列规定：

①被连接导体必须完全包在接头里；

②要保证连接部位的金属完全熔化，连接牢固；

③放热焊接接头的表面应平滑；

④放热焊接的接头应无贯穿性的气孔。

（详见《接地装置施工及验收规范》GB 50169—2006 第 3.4.3 条）

（38）避雷针（线带、网）的接地除应符合本章上述有关规定外，还应遵守下列规定：

①避雷针（带）与引下线之间的连接应采用焊接或放热焊接。

②避雷针（带）的引下线及接地装置使用的紧固件均应使用镀锌制品或防腐等级更高的制品。当采用未镀锌的地脚螺栓时，应采取防腐措施。

③建筑物上的防雷设施采用多根引下线时，应在各引下线距地面 1.5～1.8m 处设断接卡，断接卡应加保护措施。

④装有避雷针的金属简体，当其厚度不小于 4mm 时，可做避雷引下线。简体底部应至少有 2 处于接地体对称连接。

（详见《接地装置施工及验收规范》GB 50169—2006 第 3.5.1 条）

（39）建筑物上的避雷针或防雷金属网应和建筑物顶部的其他金属物应连接成一个整体。

（详见《接地装置施工及验收规范》GB 50169—2006 第 3.5.2 条）

图 10-17　柴油发电机房的设备及管线安装

（40）配电变压器等电气装置安装在由其供电的建筑物内的配电装置室时，其接地装置应与建筑物基础钢筋等连接。

（详见《接地装置施工及验收规范》GB 50169—2006 第 3.10.2 条）

（41）发电厂、变电所电气装置下列部位应专门敷设接地线直接与接地体或接地母线连接：

①发电机机座或外壳、出线柜、中性点柜的金属底座和外壳，封闭母线的外壳，箱式变电站的金属箱体，见图 10-17；

②高压配电装置的外壳；

③110kV 及以上钢筋混凝土构件支座上的电气设备金属外壳；

④直接接地或经消弧线圈接地的变压器、旋转电机的中性点；

⑤GIS（气体绝缘金属封闭电器）接地端子；

⑥避雷器、避雷针、避雷线等接地端子。

（详见《接地装置施工及验收规范》GB 50169—2006 第 3.3.12 条）

（42）电气装置的下列金属部分，均应接地或接零：

①电机、变压器、电器、携带式或移动式用电器具等的金属底座和外壳，参见图10-18；

②电气设备的传动装置；

③屋内外配电装置的金属或钢筋混凝土构架以及靠近带电部分的金属遮拦和金属门；

④配电、控制、保护用的屏（柜、箱）及操作台等的金属框架和底座；

图10-18 变压器金属底座接地

⑤交、直流电力电缆的接头盒，终端头和膨胀器的金属外壳和可触及的电缆金属护层和穿线的钢管；穿线的钢管之间或钢管和电器设备之间有金属软管过渡的，应保证金属软管段接地畅通；

⑥电缆桥架、支架和井架；

⑦装有避雷线的电力线路杆塔，电热设备的金属外壳，铠装控制电缆的金属护层，互感器的二次绕组；

⑧装在配电线路杆上的电力设备；

⑨承载电气设备的构架和金属外壳，气体绝缘全封闭组合电器（GIS）的外壳接地端子；

⑩发电机中性点柜外壳、发电机出线柜、封闭母线的外壳及其他裸露的金属部分。

（详见《接地装置施工及验收规范》GB 50169—2006 第 3.1.1 条）

11. 施工质量——智能建筑工程

（1）计算机信息系统安全专用产品必须具有公安部计算机管理监察部门颁发的"计算机信息系统安全专用产品销售许可证"；特殊行业有其他规定时，还应遵守行业的相关规定。

（详见《智能建筑工程质量验收规范》GB 50339—2002 第 5.5.2 条）

（2）如果与因特网连接，智能建筑网络安全系统必须安装防火墙防病毒系统。

（详见《智能建筑工程质量验收规范》GB 50339—2002 第 5.5.3 条）

（3）检测消防控制室向建筑设备监控系统传输、显示火灾报警信息的一致性和可靠性，检测与建筑设备监控系统的接口、建筑设备监控系统对火灾报警的响应及其火灾运行模式，应采用在现场模拟发出火灾报警信号的方式进行。

（详见《智能建筑工程质量验收规范》GB 50339—2002 第 7.2.6 条）

（4）新型消防设施的设置情况及功能检测应包括：

①早期烟雾探测火灾报警系统；

②大空间早起火灾智能检测系统、大空间红外图像矩阵火灾报警及灭火系统；

③可燃气体泄漏报警及联动控制系统。

（详见《智能建筑工程质量验收规范》GB 50339—2002 第 7.2.9 条）

（5）安全防范系统中相应的视频安防监控（录像、录音）系统、门禁系统、停车场（库）管理系统等对火灾报警的响应及火灾模式操作等功能的检测，应采用在现场模拟发出火灾报警信号的方式进行。

（详见《智能建筑工程质量验收规范》GB 50339—2002 第 7.2.11 条）

（6）电源与接地系统必须保证建筑物内各智能化系统的正常运行和人身、设备安全。

（详见《智能建筑工程质量验收规范》GB 50339—2002 第 11.1.7 条）

12. 施工质量——电梯工程

电气设备的接地必须符合下列规定：

①所有电气设备及导管、线槽的外露可导电部分必须均可靠接地，见图 10-19。

图 10-19　电梯机房内可接近裸露导体的接地

②接地支线应分别直接接在接地干线上，不得互相连接后再接地。

（详见《电梯工程施工质量验收规范》GB 50310—2002 第 4.10.1 条）

13. 施工质量——仪表工程

（1）爆炸和火灾危险场所区域内的仪表安装工程必须全部经过检验。

（详见《自动化仪表工程施工质量验收规范》GB 50131—2007 第 3.3.10 条）

（2）仪表工程施工应符合设计文件及本规范的规定，并符合产品安装使用说明书的要求。对设计的修改必须有原设计单位的文件确认。

（3）在线路的终端处应加标志牌。地下埋设的线路，应有明显标识。

（4）仪表回路试验和系统试验必须全部检验。

（详见《自动化仪表工程施工质量验收规范》GB 50131—2007 第 3.3.17 条）

14. 交流电动机的试验项目

测量绕组的绝缘电阻和吸收比。

（详见《电气设备交接试验标准》GB 50150—2006 第 6.0.1 条）

15. 互感器的试验项目

应包括下列内容：

（1）测量绕组的绝缘电阻；

（2）检查接线组别和极性。

（详见《电气设备交接试验标准》GB 50150—2006 第 9.0.1 条）

16. 电力电缆线路的试验项目

应包括下列内容：

（1）测量绝缘电阻；

（2）检查电缆线路两端的相位。

（详见《电气设备交接试验标准》GB 50150—2006 第 18.0.1 条）

17. 电气设备和防雷设施的接地装置的试验项目

应包括下列内容：

（1）接地网电气完整性测试；

（2）接地阻抗。

（详见《电气设备交接试验标准》GB 50150—2006 第 26.0.1 条）

二、给排水、采暖工程强制性条文说明

（1）地下室或地下构筑物外墙有管道穿过的，应采取防水措施。对有严格防水要求的建筑物，必须采用柔性防水套管，见图 10-20。

（详见《建筑给水排水及采暖工程施工质量验收规范》GB 50242—2002 第 3.3.3 条）

图 10-20　外墙套管加工及安装

（2）各种承压管道系统和设备应做水压试验，非承压管道系统和设备应做灌水试验，见图 10-21。

（详见《建筑给水排水及采暖工程施工质量验收规范》GB 50242—2002 第 3.3.16 条）

图 10-21　风机盘管进场打压和排水管道闭水试验

（3）给水管道必须采用与管材相适应的管件，生活给水系统所涉及的材料必须达到饮用水卫生标准。

（详见《建筑给水排水及采暖工程施工质量验收规范》GB 50242—2002 第 4.1.2 条）

（4）生活给水系统管道在交付使用前必须冲洗和消毒，并经有关部门取样检验，符合国家《生活饮用水标准》方可使用。检验方法：检查有关部门提供的检测报告。见图 10-22。

（详见《建筑给水排水及采暖工程施工质量验收规范》GB 50242—2002 第 4.2.3 条）区县疾病预防控制中心到施工现场取样进行检验，并出具检测报告。

（5）室内消火栓系统安装完成后，应取屋顶层（或水箱间内）和首层的两处消火栓做喷射试验，达到设计要求为合格，见图 10-23。

（详见《建筑给水排水及采暖工程施工质量验收规范》GB 50242—2002 第 4.3.1 条）

（6）隐蔽或埋地的排水管道在隐蔽前必须做灌水试验，其灌水高度应不低于底层卫生器具的上边缘或底层地面高度。

（详见《建筑给水排水及采暖工程施工质量验收规范》GB 50242—2002 第 5.2.1 条）

（7）当设计未注明时，管道安装坡度应符合下列规定：

检 验 (测) 报 告

样品编号： C20101038（H₂·S）

总 页 数： 3 页

委托单位：浙江金都物业管理有限公司北京分公司

北京市朝阳区疾病预防控制中心

2010年07月09日

北京市朝阳区疾病预防控制中心
评价报告

样品编号：C20101038（H₂·S）   第 1 页 共 3 页

委托单位：浙江金都物业管理有限公司北京分公司

受检单位：浙江金都物业管理有限公司北京分公司

检测类型：委托   样品来源：送样   送样日期：2010-06-28

样品件数：1件

检测项目：菌落总数、总大肠菌群、色度、浑浊度、臭和味、肉眼可见物、pH、
耗氧量（COD）、氯化物、氟化物、亚硝酸盐、硝酸盐（以N计）、总硬度、砷、
汞、铬、挥发性酚类、氰化物、氯化物、硫酸盐、铜、铅、锌、铁、锰、
镉

评价依据：《生活饮用水卫生标准》（GB5749-2006）

评价结论：

　　经检测，朝阳区金都机械103号楼82水箱间的水箱出口水所检测项目未超过标准限值，符合《生活饮用水卫生标准》（GB5749-2006）的规定。

注：检测结果详见"北京市朝阳区疾病预防控制中心微生物检测报告C20101038（H₂·S）"、"北京市朝阳区疾病预防控制中心理化检测报告C20101038（H₂·S）"。

——以下空白——

注：此报告仅对本次检测样品负责，未经本单位书面同意，不得部分复制。

签发人：　　　　职务：　　　　（专用章）

2010年 月 日

CYCDC-BG-ZL-78

图 10-22　检测报告

图 10-23　屋顶消火栓的喷射试验

　　①气、水同向流动的热水采暖管道和汽、水同向流动的蒸汽管道及凝结水管道，坡度应为3‰，不得小于2‰；

图 10-24　散热器安装

　　②气、水逆向流动的热水采暖管道和汽、水逆向流动的蒸汽管道，坡度不应小于5‰；

　　③散热器支管的坡度应为1％，坡向应利于排气和泄水，见图10-24。

　　（详见《建筑给水排水及采暖工程施工质量验收规范》GB 50242—2002 第8.2.1条）

　　（8）散热器在组对后，以及整组出厂的散热器在安装之前应做水压试验。

　　如设计无要求时试验压力应为工作压力的1.5倍，但不得小于0.6MPa，见图10-25。

　　（详见《建筑给水排水及采暖工程施工质量验收规范》GB 50242—2002 第8.3.1条）

　　（9）地面下敷设的盘管埋地部分不应有接头，见图10-26。

　　（详见《建筑给水排水及采暖工程施工质量验收规范》GB 50242—2002 第8.5.1条）

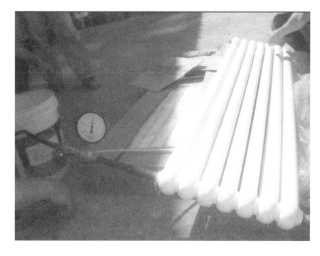 

图 10-25　整组散热器安装前的水压试验　　　　图 10-26　盘管埋地隐蔽无接头安装

（10）盘管隐蔽前必须进行水压试验，试验压力为工作压力的 1.5 倍，但不得小于 0.6MPa，见图 10-27。

（详见《建筑给水排水及采暖工程施工质量验收规范》GB 50242—2002 第 8.5.2 条）

（11）采暖系统安装完毕，管道保温之前应进行水压试验。试验压力应符合设计要求。当设计未注明时，应符合下列规定：

①蒸汽、热水采暖系统，应以系统顶点工作压力加 0.1MPa 做水压试验，同时系统顶点的试验压力不小于 0.3MPa。

②高温系统采暖系统，试验压力应为系统顶点工作压力加 0.4MPa。

③使用塑料管及复合管的热水采暖系统，应以系统顶点工作压力加 0.2MPa 做水压试验，同时系统顶点的试验压力不小于 0.4MPa。

（详见《建筑给水排水及采暖工程施工质量验收规范》GB 50242—2002 第 8.6.1 条）

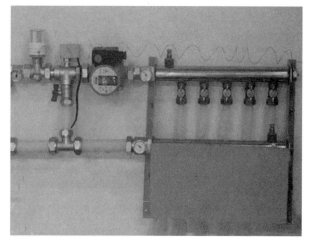

图 10-27　盘管隐蔽前的水压试验

（12）系统冲洗完毕应充水、加热，进行试运转和调试。

（详见《建筑给水排水及采暖工程施工质量验收规范》GB 50242—2002 第 8.6.3 条）

（13）给水管道在竣工后，必须对管道进行冲洗，饮用水管道还要在冲洗后进行消毒，满足饮用水卫生要求。

（详见《建筑给水排水及采暖工程施工质量验收规范》GB 50242—2002 第 9.2.7 条）

（14）排水管道的坡度必须符合设计要求，严禁无坡或倒坡。

（详见《建筑给水排水及采暖工程施工质量验收规范》GB 50242—2002 第 10.2.1 条）

（15）管道冲洗完毕应通水、加热，进行试运行和调试。当不具备加热条件时，应延期进行。

（详见《建筑给水排水及采暖工程施工质量验收规范》GB 50242—2002 第 11.3.3 条）

（16）锅炉的汽、水系统安装完毕后，必须进行水压试验。水压试验的压力应符合表 10-2 的规定。

（详见《建筑给水排水及采暖工程施工质量验收规范》GB 50242—2002 第 13.2.6 条）

（17）锅炉和省煤器安全阀的定压和调整应符合表 10-3 的规定。锅炉上装有两个安全阀时，其中的一个按表中较高值定压，另一个按较低值定压。装有一个安全阀时，应按较低值定压。

项　次	设备名称	工作压力（MPa）	试验压力（MPa）
1	锅炉本体	$P<0.59$	$1.5P$，但不小于 0.2
		$0.59\leqslant P\leqslant 1.18$	$P+0.3$
		$P>1.18$	$1.25P$
2	可分式省煤器	P	$1.25P+0.5$
3	非承压锅炉	大气压力	0.2

注：1）工作压力 P 对于蒸汽锅炉指筒工作压力，对于热水锅炉指锅炉额定出水压力；2）铸铁锅炉水压试验同热水锅炉；3）非承压锅炉水压试验压力为 0.2MPa，试验期间压力应保持不变。

项次	工作设备	安全阀开启压力（MPa）
1	蒸汽锅炉	工作压力+0.02
		工作压力+0.04
2	热水锅炉	1.12 倍工作压力，但不少于工作压力+0.07
		1.14 倍工作压力，但不少于工作压力+0.10
3	省煤器	1.1 倍工作压力

（详见《建筑给水排水及采暖工程施工质量验收规范》GB 50242—2002 第 13.4.1 条）

（18）锅炉的高低水位报警器和超温、超压报警器及连锁保护装置必须按照设计要求安装齐全和有效。

（详见《建筑给水排水及采暖工程施工质量验收规范》GB 50242—2002 第 13.4.4 条）

（19）锅炉在烘炉、煮炉合格后，应进行 48 小时的带负荷连续试运行，同时应进行安全阀的热状态定压检验和调整。

（详见《建筑给水排水及采暖工程施工质量验收规范》GB 50242—2002 第 13.5.3 条）

（20）热交换器应以最大工作压力的 1.5 倍做水压试验，蒸汽部分应不低于蒸汽压力加 0.3MPa；热水部分应不低于 0.4MPa。

（详见《建筑给水排水及采暖工程施工质量验收规范》GB 50242—2002 第 13.6.1 条）

（21）自动喷水灭火系统的施工必须由具有相应等级资质的施工队伍承担。

（详见《自动喷水灭火系统施工及验收规范》GB 50261—2005 第 3.1.2 条）

（22）喷头的现场检验应符合下列要求：

①喷头的商标、型号、公称动作温度、响应时间指数（RTI）、制造厂及生产日期等标志应齐全。

②喷头的型号、规格等应符合设计要求。

③喷头外观应无加工缺陷和机械损伤。

④喷头螺纹密封面应无伤痕、毛刺、缺丝或断丝现象。

⑤闭式喷头应进行严密性能试验，以无渗漏、无损伤为合格。试验数量宜从每批中抽检 1%，但不得少于 5 个，试验压力应为 3.0MPa；保压时间不得少于 3 分钟。当两个及两个以上不合格时，不得使用该批喷头；当仅有一个不合格时，应再抽检 2%，但不得少于 10 个，并重新进行密封性能试验；当仍有不合格时，不得使用该批喷头。

（详见《自动喷水灭火系统施工及验收规范》GB 50261—2005 第 3.2.3 条）

（23）喷头安装应在系统试压、冲洗合格后进行。

（详见《自动喷水灭火系统施工及验收规范》GB 50261—2005 第 5.2.1 条）

（24）喷头安装时，不得对喷头进行拆装、改动，并严禁给喷头附加任何装饰性涂层。

（详见《自动喷水灭火系统施工及验收规范》GB 50261—2005 第 5.2.2 条）

（25）喷头安装应使用专用扳手，严禁使用喷头的框架施拧；喷头的框架、溅水盘产生变形或释放原件损伤时，应采用规格、型号相同的喷头更换。

（详见《自动喷水灭火系统施工及验收规范》GB 50261—2005 第5.2.3条）

（26）管网安装完毕后，应对其进行强度试验、严密性试验和冲洗。

（详见《自动喷水灭火系统施工及验收规范》GB 50261—2005 第6.1.1条）

（27）系统竣工后，必须进行工程验收，验收不合格不得投入使用。

（详见《自动喷水灭火系统施工及验收规范》GB 50261—2005 第8.0.1条）

（28）系统工程质量验收判定条件：

系统工程质量缺陷应按规范附录F要求划分为：严重缺陷项（A），重缺陷项（B），轻缺陷项（C）。

系统试验合格判定应为：$A=0$，且 $B \leqslant 2$，且 $B+C \leqslant 6$ 为合格，否则为不合格。

（详见《自动喷水灭火系统施工及验收规范》GB 50261—2005 第8.0.13条）

三、通风与空调工程强制性条文说明

（1）防火风管的本体、框架与固定材料、密封垫料必须为不燃材料，其耐火等级应符合设计的规定。

防火风管的本体材料一般采用薄钢板（厚度应达到设计要求），密封垫料采用石棉板（厚度≥3mm），见图10-28。

图10-28 排烟风管

（详见《通风与空调工程施工质量验收规范》GB 50243—2002 第4.2.3条）

（2）复合材料风管的覆面材料必须为不燃材料，内部的绝热材料应为不燃或难燃B1级，且应是对人体无害的材料，见图10-29。

（详见《通风与空调工程施工质量验收规范》GB 50243—2002 第4.2.4条）

（3）防爆风阀的制作材料必须符合设计规定，不得自行替换。

（详见《通风与空调工程施工质量验收规范》GB 50243—2002 第5.2.4条）

（4）防、排烟系统柔性短管的制作材料必须为不燃材料，见图10-30。

图10-29 铝箔复合玻纤风管

（详见《通风与空调工程施工质量验收规范》GB 50243—2002 第5.2.7条）

（5）在风管穿过需要密闭的防火、防爆的墙体或楼板时，应设预埋管或防护套管，其钢板厚度不应小于1.6mm。风管与防护套管之间，应用不燃且对人体无危害的柔性材料封堵严密，见图10-31。

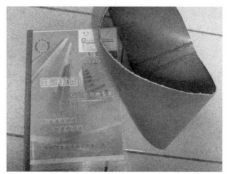

图 10-30 防、排烟系统采用硅酸钛金制作安装的柔性短管

（详见《通风与空调工程施工质量验收规范》GB 50243—2002 第 6.2.1 条）

图 10-31 人防密闭套管的预埋安装

（6）风管安装必须符合下列规定：

①风管内严禁其他管线穿越。

②输送含有易燃、易爆气体或安装在易燃、易爆环境的风管系统应有良好的接地，通过生活区或其他辅助生产房间时必须严密，并不得设置接口。

③室外立管的固定拉索严禁拉在避雷针或避雷网上。

（详见《通风与空调工程施工质量验收规范》GB 50243—2002 第 6.2.2 条）

（7）输送空气温度高于 80℃ 的风管，应按设计规定采取防护措施。

（详见《通风与空调工程施工质量验收规范》GB 50243—2002 第 6.2.3 条）

（8）通风机传动装置的外露部位以及直通大气的进、出口，必须装设防护罩（网）或采取其他安全设施，见图 10-32。

（详见《通风与空调工程施工质量验收规范》GB 50243—2002 第 7.2.2 条）

（9）静电空气过滤器金属外壳接地必须良好。

（详见《通风与空调工程施工质量验收规范》GB 50243—2002 第 7.2.7 条）

（10）电加热器的安装必须符合下列规定：①电加热器与钢构架间的绝热层必须为不燃材料，接线柱外露部分应加设安全防护罩；②电加热器的金属外壳接地必须良好；③连接电加热器的风管的法兰垫片，应采用耐热不燃材料。

（详见《通风与空调工程施工质量验收规范》GB 50243—2002 第 7.2.8 条）

（11）燃油管道系统必须设置可靠的防静电接地装置，其管道法兰应采用镀锌螺栓连接或在法兰处用铜导线进行跨接，且接合良好。

图 10-32 加防护罩的风机进出口

（详见《通风与空调工程施工质量验收规范》GB 50243—2002 第 8.2.6 条）

（12）燃气系统管道与机组的连接不得使用非金属软管。燃气管道的吹扫和压力试验应使用压缩空气或氮气，严禁用水。当燃气供气管压力大于 0.005MPa 时，焊缝的无损检测的执行标准应按设计规定。当设计无规定，且采用超声波探伤时，应全数检测，以质量不低于Ⅱ级为合格。

（详见《通风与空调工程施工质量验收规范》GB 50243—2002 第 8.2.7 条）

（13）通风与空调工程安装完毕，必须进行系统的测试和调整（简称调试）。系统调试应包括下列项目：

①设备单机试运转及调试；

②系统无生产负荷的联合试运转及调试。

（详见《通风与空调工程施工质量验收规范》GB 50243—2002 第 11.2.1 条）

（14）防排烟系统联合试运行与调试的结果（风量及正压），必须符合设计与消防的规定。

（详见《通风与空调工程施工质量验收规范》GB 50243—2002 第 11.2.4 条）

（15）隐蔽工程的风管在隐蔽前必须经监理人员验收及认可签证。

（详见《通风管道技术规程》JGJ141—2004 第 2.0.7 条）

（16）非金属风管材料应符合下列规定：非金属风管材料的燃烧性能应符合现行国家标准《建筑材料燃烧性能分级方法》GB 8624 中不燃 A 级或难燃 B1 级的规定，见图 10-33。

图 10-33　非金属风管的安装及材质检测报告

（详见《通风管道技术规程》JGJ 141—2004 第 3.1.3 条）

（17）风管内不得敷设各种管道、电线或电缆，室外立管的固定拉索严禁拉在避雷针或避雷网上。

（详见《通风管道技术规程》JGJ 141—2004 第 4.1.6 条）

参 考 文 献

［1］ 张玉平，顾勇新. 建筑精品工程策划与实施［M］. 北京：中国建筑工业出版社，2000.

［2］ 顾勇新，王有为. 建筑精品工程实施指南［M］. 北京：中国建筑工业出版社，2002.

［3］ 金德钧，顾勇新. 建筑结构精品工程实施［M］. 北京：中国建筑工业出版社，2003.

［4］ 顾勇新，徐波. 住宅精品工程实施指南［M］. 北京：中国建筑工业出版社，2004.

［5］ 顾勇新. 建筑精品工程实例［M］. 北京：中国建筑工业出版社，2005.

［6］ 顾勇新. 清水混凝土工程施工技术及工艺［M］. 北京：中国建筑工业出版社，2006.

特　别　鸣　谢

在此书的编写过程中，得到了大量企业的支持和帮助，他们给予时间和接待，并为我们提供了弥足珍贵的资料、照片和实践案例。在此，我们深表感谢。他们是（排名不分先后）：

中国建筑第四工程局有限公司叶浩文先生、令狐延先生；

中建一局集团建设发展有限公司左强先生、缪钢林先生；

中南控股集团有限公司陈锦石先生、邱泽勇先生；

中天建设集团有限公司楼永良先生；

陕西建设集团总公司薛永武先生；

浙江中成建工集团有限公司董利华先生；

南通四建集团有限公司耿裕华先生；

龙信建设集团有限公司陈祖兴先生；

烟建集团有限公司唐波先生；

浙江勤业建工集团有限公司邵东升先生；

江苏南通二建集团有限公司陈建年先生、陈建国先生；

浙江中联建设集团有限公司王形先生；

湖南省建工集团总公司陈浩先生；

广东正升建筑有限公司魏育民先生；

承德名城建设集团有限公司李文先生；

浙江杰立建设集团闻卫东先生；

中建四局第六建筑工程有限公司罗战平先生；

中国有色金属工业第十四冶金建设公司邱录军先生；

广州市第四建筑工程有限公司冯文锦先生；

昆明一建建设集团有限公司朱庆宪先生、赵碧宝先生；

汕头市建安（集团）公司林志鹏先生；

上海玖达信息技术有限公司胡建东先生。

感谢我们的老朋友，原建设部总工程师许溶烈先生，中国城市科学研究会绿色建筑与节能委员会主任、住建部科技委委员王有为先生，他们在百忙之中审阅全书，并为本书写序。

另外，要感谢中建一局副总工程师杨晓毅先生对本书的框架提出了很好的想法和意见，感谢中建八局副总工程师邓明胜先生对本书的修改提出许多很好的建议，感谢刘应周先生对本书的编写做了大量资料整理和编辑工作，感谢赵雪峰博士对 BIM 技术应用的有关章节提供了大量资料并做出修改和补充，也感谢梁冬梅女士、胡适东先生对本书稿文字进行润色。

最后，我们想向广大读者致敬，感谢你们的支持，我们深知自己的能力和水平有限，因此难免会有一些不正确的理解，希望大家多提宝贵意见。